中国儿童 太空 百科全书

CHINESE CHILDREN'S ENCYCLOPEDIA OF SPACE

飞向太空

SPACE FLIGHT

中国大百科全书出版社

图书在版编目（ＣＩＰ）数据

飞向太空 ／《中国儿童太空百科全书》编委会编著.
-- 北京 ：中国大百科全书出版社，2019.5
（中国儿童太空百科全书）
ISBN 978-7-5202-0462-0

Ⅰ．①飞… Ⅱ．①中… Ⅲ．①航天学－儿童读物
Ⅳ．①V4-49

中国版本图书馆CIP数据核字（2019）第035190号

中国儿童太空百科全书
飞向太空

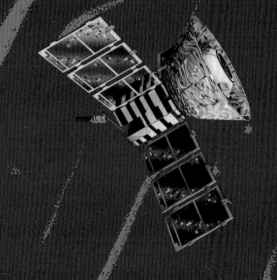

中国大百科全书出版社出版发行

（北京阜成门北大街 17 号 电话 68363547 邮政编码 100037）

http://www.ecph.com.cn

北京瑞禾彩色印刷有限公司印制

新华书店经销

开本：635毫米×965毫米 1/8 印张：12

2019年5月第1版 2019年5月第1次印刷

ISBN 978-7-5202-0462-0

定价：75.00元

致小读者

每当夜幕笼罩着大地

星星就闯进了你我的视线

似乎近在眼前

却又远在天边

不知那捣药的玉兔是否依然在忙碌

不知那外星的生命是否徘徊在空间

那看似空空荡荡的天宇

充满了诱人的谜团

从余音袅袅的宇宙大爆炸

到不期而遇的小行星撞击地面

从远古的飞天幻想

到现代的登月梦圆

那看似风平浪静的苍穹

一直有神话故事在上演

浩渺太空

施展着神秘的自然法力

伟大人类

抒写着壮美的探索诗篇

今天翻开这部"天书"

踏进那触手可及的深邃世界

明天的你也许将飞往外星

与那里的居民进行一场友好谈判

欧阳自远

《飞向太空》导读

望远镜和空间探测器是人类飞翔的"眼睛",也是穿越时空的工具,让我们目睹亿万年前宇宙的过去。神秘的宇宙吸引着人类飞向太空深处,太空探索不仅带来了科学发现和技术突破,也使我们对地球、对生命、对人类自身的感激愈加深厚。你现在读的这本书分为"眺望宇宙的眼睛"和"飞向太空"两部分,包含了望远镜、火箭、人造地球卫星、空间探测和载人航天等太空知识,带你走进人类航天史的"博物馆",和你一起畅想人类的未来,陪伴你成长。打开这本奇妙的"天书",跟我一起探索宇宙中蕴藏的未知与神秘吧!

庞之浩
全国空间探测技术首席科学传播专家

●知识主题

每个展开页的标题都是一个知识主题,围绕空间望远镜、火箭、人造地球卫星和空间探测活动展开介绍,和你一起展望人类太空移民、太空旅行的未来。

●知识点

每个知识主题下都有 1～6 个知识点,详细讲解相关的探测工具、工作原理和航天历史等基础知识。这里还有飞得最远的航天器、第一个摆脱地球引力的航天器、最长寿的飞船等人类航天之最。

火星新发现

由于航天运输能力的限制,人类还无法飞出太阳系。而在太阳系内,只有火星的自然环境与地球最相似,是太阳系中唯一经改造后适合人类长期居住的天体,是人类移居外星球的首选目标。人类迄今已开展 40 多次火星探测,其中约 20 次实现了对火星的飞掠、环行或着陆,取得了大量探测资料,中国将于 2020 年前后实施首次火星探测任务。火星已然成为除地球外人类认识程度最高的行星。人类探索火星的道路将充满挑战,但这种冒险精神正是人类社会蓬勃发展的原生动力。

"火星奥德赛号"探测器

火星着陆

火星车或着陆器,要穿过火星大气层才能"踏"上火星表面,这期间需要经历惊心动魄、生死攸关的一幕——探测器从 130 多千米的高空进入火星大气,速度高达 6 千米/秒,要在短短 7 分钟的时间内,让探测器的速度降至零,从而实现安全着陆。这也是所有火星探测任务中技术难度最大、失败概率最高的关键环节。这一阶段被称为"进入、下降和着陆"阶段,是名副其实的"恐怖 7 分钟"。安全着陆火星表面主要通过气囊缓冲、反推着陆支架缓冲、空中吊车着陆等三种方式来实现。

"勇气号"和"机遇号"火星车采用气囊缓冲方式,成功着陆在火星表面。

"好奇号"火星车

"好奇号"火星车是美国第七个火星着陆探测器,也是世界上第一辆采用核动力驱动的火星车。它于 2011 年 11 月发射,2012 年 8 月成功登陆火星表面。"好奇号"火星车首次使用了一种被称为"空中吊车"的辅助设备助降。空中吊车和"好奇号"组合体在经过大气摩擦减速和降落伞减速后,空中吊车开启 8 台反冲发动机,进入有动力的缓慢下降阶段。当速度降至大约 0.75 米/秒之后悬停,几根缆绳将"好奇号"从空中吊车中吊出来,悬挂在下方。"好奇号"着陆火星后,空中吊车在距离"好奇号"一定安全范围内着陆。

探测器发射时机

由于地球和火星都是运动的天体,所以从地球出发的火星探测器并非任何时候都可以发射,而是每隔 2 年零 2 个月(780 天)出现"火星冲日"时,才有一次发射机会。这样的发射机会称为发射窗口。火星冲日时,火星和太阳分别位于地球的两边,太阳刚一落山,火星就从东方升起,而等到太阳从东方升起时,火星才在西方落下,因此整夜都可观测火星。此时,火星离地球较近,它的亮度也是一年当中最亮的,所以以此时是发射火星探测器的好机会。

相关链接

在这个版块里，你可以看到这一页的内容与其他分册的联系，形成对太空世界的系统认知。

    对应着《浩瀚的宇宙》《太阳系掠影》《飞向太空》《中国航天》四个分册，按照数字页码可找到对应的知识主题。将四册书结合起来阅读，你就会发现人类探索太空的手段在不断进步，技术突破不仅让我们飞向深空，更让我们感激人类来之不易的生存环境。

星名片

古今中外著名天文学家们向你"递来"了他们的名片，他们创造了关键的天文观测仪器，促进了人类对宇宙的认识。如果书中的内容满足不了你的好奇心，你可以通过名片上的信息进一步了解他们的成就和著作，说不定将来你也能发现前所未有的天文现象呢。

图片

每个展开页会有多幅图片。你可以看到来自美国国家航空航天局、欧洲航天局等权威机构的最新太空摄影图片，跟着探测器一起"近距离"地观察宇宙世界。书中还有专业绘制的示意图、结构图和图表，助你理解航天器的构造和工作原理。

奇思怪问

像你一样热爱天文、航天的孩子们提出了他们最感兴趣的问题，航天专家们在这里给出了答案，你可以看到他们如何用专业的知识破解"脑洞大开"的难题。跟随书中的内容大胆思考，也许你的下一个提问能解决太空移民中的关键难题。

书中玩游戏

书中有 6 个好玩的"AR 增强现实"。用平板电脑或智能手机，扫描下方二维码或在苹果应用商店（APP Store）搜索"飞向太空"，点击下载 APP，选择其中的"列表模式"，你会即刻进入互动环节，置身浩瀚的宇宙。触摸、拖拽画面中的航天员等形象，还可以对它们进行旋转、缩放等操作，随你怎样玩！

飞向太空 APP 下载

安卓版下载地址

苹果版下载地址

CONTENTS
目录

飞向太空
SPACE FLIGHT HISTORY

运载火箭	42
火箭回收	44
航天器	46
人造地球卫星	48
人造地球卫星的轨道	50
卫星导航系统	52
有效载荷	54
航天飞机	56
载人飞船	58
空间站	60
深空探测	62
太阳探测	64
月球探测	66
"阿波罗"载人登月	68
行星及其卫星探测	70
火星新发现	72
冥王星探测	74
小行星探测	76
彗星探测	78
太空行走	80
太空生活	82
太空环境	84
太空植物	86
太空动物	88
空间环境科学	90
太空移民	92
太空旅行	94

眺望宇宙的眼睛
LOOK INTO THE UNIVERSE

神奇的光	10
古人观天	12
光学天文望远镜	14
多波段天文望远镜	16
当代天文望远镜	18
空间望远镜	20
"哈勃"空间望远镜	22
未来天文望远镜	24
中国天文望远镜	26
天文台	28
激光干涉引力波天文台	30
中国的天文台	32
天文馆	34
北京天文馆	36
天文摄影	38

眺望宇宙的眼睛

LOOK INTO THE UNIVERSE

法国波兰裔科学家玛丽·居里曾说："人类看不见的世界，并不是空想的幻影，而是被科学的光辉照射的实际存在。尊贵的是科学的力量。"

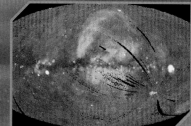

神奇的光

光是一种电磁辐射，它从低频率到高频率可以分为无线电波、红外线、可见光、紫外线、X 射线和 γ 射线等种类。我们对各类天体的性质、结构和演化情况的了解，几乎完全依靠天体发出的各种辐射所带来的信息。通过架设探测各种辐射的望远镜进行观测，我们就可以了解天体的物理性质和化学性质。

无线电波

无线电波一般由电子震荡引起。虽然我们看不到它，但它与我们的生活息息相关，如微波炉、手机发出的辐射，都是无线电波。1932 年，美国天文学家央斯基发现银河系中存在着无线电波，射电天文学由此诞生。接收无线电信号的望远镜就是射电望远镜。

以可见光观测到的图片

以红外线观测到的图片

红外线

1800 年，英国科学家赫歇尔用三棱镜将太阳光分解开，在各种不同颜色的色带位置上放置了温度计，试图测量各种颜色的光的加热效应。他意外地发现，位于红光外侧的那支温度计升温最快，这表明红光之外还存在一种肉眼看不见的辐射——红外线。20 世纪 60 年代，科学家找到探测红外辐射的有效手段，红外天文学得到迅速发展。天文学家们发现，恒星、行星状星云、星系、类星体等都能发出红外辐射。如今，红外天文学正成为实测天文学最重要的领域之一。

可见光

可见光是我们肉眼能看见的电磁辐射，其波长为 400 纳米～760 纳米。可见光只占电磁辐射中非常少的一部分。如果把所有的电磁波从北京排列到天津，可见光只占一张公交卡的大小。用来收集可见光的光子或将可见光成像的设备就是光学望远镜。

以 X 射线观测到的图片

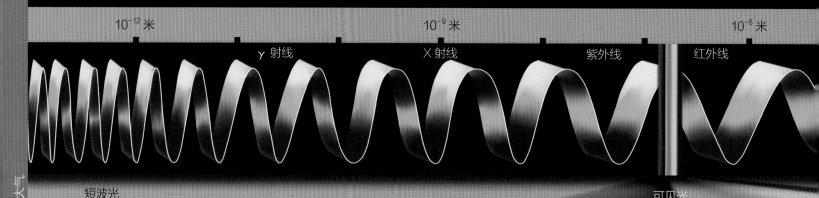

10⁻¹² 米	10⁻⁹ 米	10⁻⁶ 米

γ 射线　　　　X 射线　　　　紫外线　　　红外线

短波光　　　　　　　　　　　　　　　　　　可见光

400 纳米　　　　　　　　500 纳米

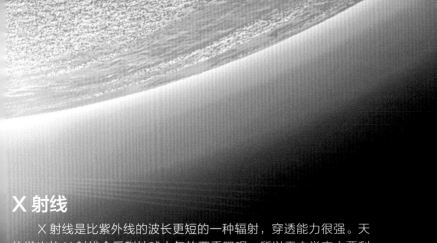

X 射线

　　X 射线是比紫外线的波长更短的一种辐射，穿透能力很强。天体发出的 X 射线会受到地球大气的严重阻碍，所以天文学家主要利用大气层外的望远镜对其进行探测。X 射线天文学能帮助人类获得光学天文学和射电天文学无法得到的信息。例如，蟹状星云 X 射线脉冲辐射和对应的光学脉冲几乎有相同的周期，很难通过光学观测手段被发现，但通过对 X 射线的观测，它最终被发现了。

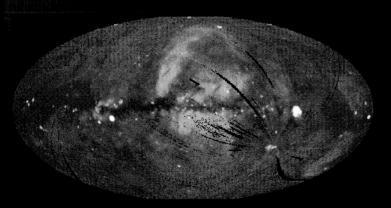

银河系 X 射线巡天图

| 光学 | 紫外线 | X 射线 | 射电 |

不同辐射波段的太阳图像

γ 射线

　　γ 射线是波长短于 0.001 纳米的电磁波，日常生活中不常见，需要通过 γ 核辐射源或核反应（如原子弹爆炸）才产生。γ 射线是可穿透整个宇宙的电磁波中能量最高的波段，也是电磁波谱中波长最短的部分。宇宙中，γ 射线可由超新星爆炸、黑洞、正电子湮灭等形成，甚至可由放射衰变产生，所以 γ 射线天文学主要的研究对象是超新星、黑洞等，此外还有太阳耀斑。

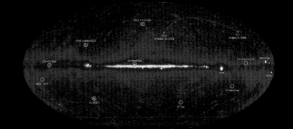

银河系 γ 射线巡天图

紫外线

　　紫外线位于光谱中 X 射线和可见光之间的频率范围，为不可见光。玻璃、大气中的氧气和高空中的臭氧层，对紫外线都有很强的吸收作用，因此紫外观测要放在大气层外的太空才能进行。紫外波段的观测在天体物理学上有重要的意义，20 世纪 60 年代开始，人们就对紫外天文展开了观测和研究，发展了紫外波段的 EUV（极端紫外）、FUV（远紫外）、UV（紫外）等多种探测卫星，覆盖了全部紫外波段。

大气窗口

　　并非所有来自宇宙的电磁辐射都能够顺利地穿过大气层到达地表，只有部分电磁辐射能通过大气层这个"窗口"，"照"到地球表面。如地球大气层中的臭氧层，不仅能吸收到达地球的大部分紫外线，还能吸收许多波长在毫米、亚毫米波段的电磁辐射。所以，天文学家对许多天体电磁辐射的探测，必须通过大气层外的人造卫星进行。

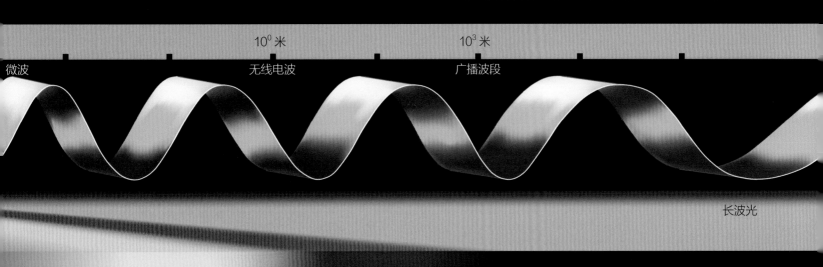

| 微波 | 无线电波 | 广播波段 |

10^0 米　　　　10^3 米

长波光

600 纳米　　　　700 纳米

古人观天

从古到今，人们对宇宙太空一直充满了好奇和强烈的探索欲望。在没有望远镜的古代，人们也将掌握的科学技术很好地运用到了观天中。在人类漫长的文明发展史中，古人在观天方面取得了很多成果。

黑名片

郭守敬

1231 年 ~ 1316 年（元代）
国籍：中国
领域：天文学、数学、水利
成就：创制了简仪和高表等多种天文仪器
著作：与许衡、杨恭懿等编制了《授时历》，首次提出一个回归年为 365.2425 天，几乎和现行的 365.2422 天一致。

北京古观象台

北京古观象台始建于明正统七年（1442 年），是中国明清两代的天文观测中心，台顶上安放着 8 件古代大型铜铸天文观测仪器。古观象台最早的天文仪器主要是明代制造的浑仪和简仪。当时的人们先是用木料仿制宋代浑仪和元代简仪，然后运回北京校验，再用铜浇铸，最后终于制成了这两件仪器。清康熙至乾隆年间，古观象台又陆续增设了天体仪、赤道经纬仪、黄道经纬仪、地平经仪、象限仪、纪限仪、地平经纬仪和玑衡抚辰仪 8 件仪器。

古观象台上的 8 件天文观测仪器造型优美、雕刻精细，具有中国传统特色，体现了中国古代高超的冶金、铸造工艺技术。此外，它们也是东西方文化交流的历史见证。

浑仪是古代天文学家使用最广泛的观天仪器。明代正统年间制造的浑仪在支架上放有带刻度的子午环、地平环、赤道环、黄道环和白道环等，这些环可以绕极轴旋转，以帮助古人确定星星的方位。

浑仪

中国自西汉时起已开始制造观天仪器。在浑天说的基础上，中国古人发明了测定天体方位时必不可少的"宝器"——浑仪。浑仪有中空的窥管，将窥管对准一颗星星，通过窥管指示的刻度和周围圆环上的刻度，就能确定这颗星星在天上的方位。

公元前 2 世纪

简仪由两部分组成，一部分是赤道装置，另一部分是地平装置。现代望远镜仍在采用简仪中的赤道装置。

简仪

中国元代科学家郭守敬在唐代和宋代浑仪的基础上，于 1276 年创制了简仪。简仪去除了浑仪中的一些圆环，减少了使用浑仪时会遇到的障碍。简仪的设计和制造水平在当时处于世界领先地位，直到 300 多年后的 1598 年，西方的第谷才发明了与之类似的装置。

13 世纪

第谷的墙式象限仪

丹麦天文学家第谷是望远镜发明之前伟大的天象观测者，被人们誉为"观测天文学大师"。第谷发明了许多天文仪器，其中最著名的是墙式象限仪。这个仪器依附在一面南北向的墙上，主体部分是一个半径为 1.8 米的铜制的圆弧，圆弧上面有精细的刻度，另外还安装有一个观测天体的瞄准器。在大圆弧的南端有一面东西向的墙，墙的上方有一个方形孔，瞄准器就是透过这个孔来观测天体的。

第谷（1546 年~1601 年）

第谷认为地球在宇宙中心，静止不动，行星绕太阳运转，而太阳则率领诸行星绕地球运行。

16 世纪

用第谷的墙式象限仪可以测定天体的地平高度、天体过子午圈的时刻等

光学天文望远镜

在光学望远镜诞生之前，人类只能通过肉眼看星空。1609 年，意大利科学家伽利略发明了第一架具有科学意义的望远镜，获得了一系列重要的发现，天文学从此进入了望远镜时代。可以毫不夸张地说，没有望远镜的诞生和发展，就没有现代天文学。

"伽利略"望远镜

名片

伽利略·伽利雷
Galileo Galilei

1564 年～1642 年
国籍：意大利
领域：数学、物理学、天文学、仪器制造
成就：提出运动相对性原理，发现木星有四个卫星等许多前所未知的天文现象，设计和制造比例规、温度计等仪器。
著作：《两门新科学的谈话》《星际使者》《关于太阳黑子的信》《两大世界体系的对话》等

望远镜的诞生

1608 年，一位荷兰眼镜商偶然发现用两块镜片可以看清远处的景物。意大利科学家伽利略得知这个消息后，亲手磨制了望远镜，并将它指向天空。人类由此第一次发现：原来月球表面高低不平，覆盖着山脉，还有火山口的裂痕。后来，伽利略又发现了木星的四个卫星和太阳的黑子运动，并得出太阳在转动的结论。伽利略向世人证明了望远镜在天文观测中的重要作用。

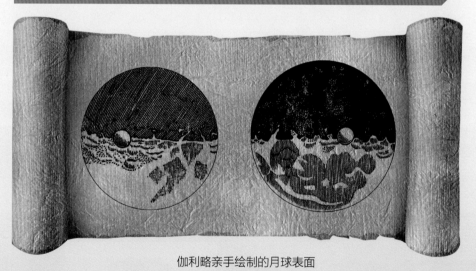

伽利略亲手绘制的月球表面

赫歇尔的"大炮"

赫歇尔是制造望远镜最多的天文学家，被誉为"恒星天文学之父"。与开普勒、伽利略不同，赫歇尔制造的是牛顿式反射望远镜，这种望远镜是使用一个弯曲的镜面将光线反射到一个焦点上，比使用透镜将物体放大的倍数要高数倍。1789 年，赫歇尔制造出口径为 122 厘米的反射望远镜，其镜筒长达 12.2 米，远看像一座大炮，人们将其戏称为"赫歇尔的大炮"。

借助自己发明的"大炮"，赫歇尔发现了土星的两颗卫星、天王星及其两颗卫星。

罗斯伯爵的"城堡"

　　爱尔兰的罗斯伯爵受到赫歇尔的鼓舞，倾注毕生精力研制望远镜，"城堡"望远镜是他最得意的作品。这架望远镜口径为 2.4 米，镜筒长 17 米。如此巨大的尺寸，使得这架望远镜只能被安放在两堵高墙之间。罗斯伯爵用他的"城堡"看清了 M1 星云的许多细节，发现这个星云就像伸出腿的螃蟹，"蟹状星云"的名字由此而来。

罗斯伯爵的"城堡"望远镜

叶凯士折射望远镜

克拉克父子的折射镜

　　19 世纪，美国的克拉克父子喜爱天文学几乎达到痴迷的程度，甚至自己动手研制巨型折射望远镜。他们通过自己制造的里克望远镜，发现了天狼星的伴星和火星的两颗卫星。后来，他们又制造了一台叶凯士望远镜。里克望远镜和叶凯士望远镜至今仍是世界上最大的两台折射望远镜。

海尔的"三部曲"

　　海尔是制造望远镜的奇才，他连续设计制造了口径为 1.5 米、2.5 米和 5 米的三架大型反射望远镜，堪称望远镜制造史上的"三部曲"。美国天文学家亚当斯用海尔的 1.5 米望远镜首次拍到天狼星伴星的光谱，发现这是一颗白矮星；哈勃用海尔的 2.5 米望远镜发现了河外星系的存在。可惜后来海尔与世长辞，未能看到自己设计的 5 米望远镜完工。后人为了纪念他，把这架望远镜命名为"海尔"望远镜。

望远镜的参数

　　口径、分辨力、视场是表示望远镜性能的三个重要参数。口径指望远镜物镜的直径，口径越大，望远镜的制造难度就越大，但其集光能力也更强，更容易看见暗弱的天体；分辨力是望远镜能分辨出天体细节多少的能力，望远镜口径越大，分辨力越强，就越容易看见微小的天体；视场指望远镜观察景物的范围，视场越大，观测范围就越大。

美国帕洛马天文台内的 5.08 米口径"海尔"望远镜

多波段天文望远镜

　　自然界的物体会发出射电辐射、红外辐射、可见光、紫外辐射、X 辐射和 γ 辐射。根据这种现象，天文学家设计建造出能对多个波段的辐射进行观测的望远镜——多波段望远镜。好比去医院体检时，医生既要观察你的外表，又要拍摄 X 射线影像，才能全面了解你的身体状况，天文学家通过多波段望远镜研究天体大致也是这样的道理。

毫米波 / 亚毫米波望远镜

　　观测毫米波和亚毫米波段上星际分子的活动，对我们进一步认识星际分子十分有利。为此，天文学家设计发明了毫米波 / 亚毫米波望远镜。通过这种望远镜，人们目前已经在宇宙中发现了 100 多种化合物分子，离解开生命起源密码的目标又近了许多。不仅如此，通过毫米波和亚毫米波望远镜，我们还可以穿透遮掩星系核心的尘埃，了解星系内部的结构和演化；也能穿透分子云，看到其内部恒星形成的过程。这都是光学望远镜无法做到的。

APEX 毫米波 / 亚毫米波射电望远镜常专用于研究"低温宇宙"

射电望远镜

射电望远镜又称无线电望远镜，是 20 世纪 40 年代发展起来的一种天文观测工具，形状与雷达接收装置非常相像。20 世纪 60 年代，天文学上的四大发现——脉冲星、类星体、星际有机分子、微波背景辐射，都是通过射电望远镜观测到的。

美国阿雷西博射电望远镜

脉冲星示意图

红外望远镜常被置于高山区域，世界上较好的地面红外望远镜大多集中安装在美国夏威夷的莫纳克亚。

红外望远镜

红外望远镜是可以观测到宇宙天体发射的红外线的望远镜。物体只要有温度就会产生红外线。天文学家通过红外线望远镜观测宇宙天体，就是基于这个原理。虽然红外望远镜的诞生晚于光学望远镜和射电望远镜，但它一问世就发现了宇宙中非常重要的物质——宇宙尘埃。

当代天文望远镜

　　望远镜的问世已有 400 多年。如今，随着望远镜研制技术的发展，光学望远镜的口径越来越大，射电望远镜的灵敏度越来越高，还有越来越多的各波段望远镜被送入了太空。正因为有了这些当代天文望远镜的帮助，当代天文学才有了宇宙加速膨胀、宇宙中存在暗物质和暗能量等重要的发现。

亚毫米波射电望远镜阵（SMA）

　　我们都知道，用两只眼睛比用一只眼睛看东西更清楚。望远镜也一样。一架望远镜就像一只眼睛，如果把许多相同的望远镜连在一起，形成干涉阵，就像拥有了许多眼睛，能大大提高望远镜的空间分辨率。位于夏威夷岛上的亚毫米波射电望远镜阵（SMA）就是这样一座干涉阵，它也是世界上第一座亚毫米波干涉阵。利用它进行的研究能帮助天文学家揭示宇宙生命的起源。

亚毫米波射电望远镜阵

甚大望远镜（VLT）

　　甚大望远镜（VLT）是欧洲南方天文台在智利建造的大型光学望远镜，由四台相同的 8.2 米口径望远镜组成，组合后的等效口径可达 16 米。这四台望远镜既能单独使用，也能组成光学干涉仪进行高分辨率观测。它们是以当地人使用的马普敦哥语命名的，分别为 Antu、Kueyen、Melipal 和 Yepun，含义为太阳、月球、南十字和天狼星，这些名字是一个智利女学生在欧洲南方天文台发起的一次比赛中提出的。

甚大望远镜

埃费尔斯堡100米望远镜

埃费尔斯堡 100 米望远镜

埃费尔斯堡100米望远镜坐落于德国波恩市南部的森林中。建造这样一台100米口径的射电望远镜，就好比把一个比足球场还大的天线举到空中，还要保证它运转自如，其技术难度可想而知。德国科学家首次把主动反射面技术引入这台望远镜的建造，在国际上率先实现了这一技术的革新。

"凯克" I 望远镜

"凯克" II 望远镜

"凯克"望远镜内部图

"凯克"望远镜

"凯克"望远镜是建在夏威夷的一座光学、红外天文望远镜，由"凯克" I 和"凯克" II 两台望远镜组成。"凯克"望远镜的所在地不仅海拔高达4200多米，而且远离城市，视宁度也很好，十分适宜观测。"凯克"望远镜的观测精度可达到纳米级别，综合观测能力不在"哈勃"空间望远镜之下。借助于它，天文学家发现了银河系内部存在一个大质量的黑洞。

"凯克"望远镜夜晚发出的光束

空间望远镜

地球大气会阻挡很多波段的辐射，对地面观测造成影响。为了克服这个困难，起初天文学家通过热气球进行天文观测，后来为了从根本上克服大气对天文观测的不利影响，天文学家开始建造空间望远镜，如今太空中已有"哈勃"空间望远镜、"钱德拉"X射线空间望远镜等许多空间望远镜。按观测波段和观测对象，空间望远镜可分为光学－红外空间望远镜、天体测量空间望远镜、空间太阳望远镜、空间红外望远镜、空间紫外望远镜、X射线空间望远镜和γ射线空间望远镜。空间望远镜多以天文学家的名字命名，以纪念他们对天文学发展做出的巨大贡献。

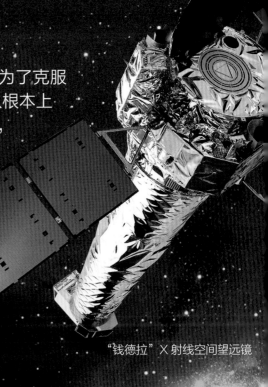

"钱德拉"X射线空间望远镜

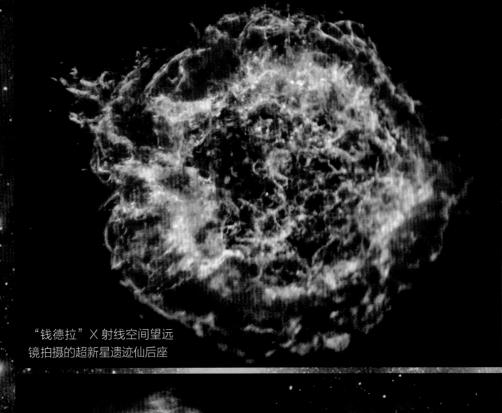

"钱德拉"X射线空间望远镜拍摄的超新星遗迹仙后座

蟹状星云中心的中子星喷出大量高能粒子，形成"钱德拉"X射线望远镜看到的X射线星云。

"钱德拉"X射线空间望远镜观测到旋涡星系M83中的超新星SN1957D

"钱德拉"X射线空间望远镜

"钱德拉"X射线空间望远镜原名先进X射线天文设备（AXAF），1998年为纪念美籍印度裔天体物理学家钱德拉塞卡而更名。1999年7月23日，"钱德拉"X射线空间望远镜由"哥伦比亚号"航天飞机搭载升空，运行在一条椭圆型地球轨道上，轨道周期为64小时。望远镜重约4.8吨，主镜为4台套筒式掠射望远镜，每台口径1.2米。这台望远镜的终端设备有高新CCD成像频谱仪、高分辨率照相机、高能透射光栅摄谱仪、低能透射光栅摄谱仪。"钱德拉"X射线空间望远镜能够在不同波段察觉其他波段无法察觉的信息，比如搜索超新星遗迹中心位置有无中子星和黑洞的存在。20年以来，"钱德拉"X射线空间望远镜对黑洞以及其他高能天体进行了大量观测，积累了许多观测数据。

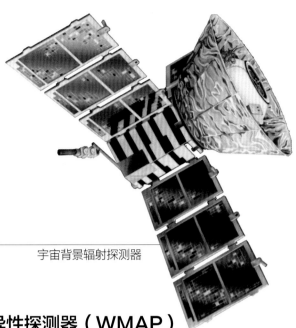

宇宙背景辐射探测器（COBE）

宇宙背景辐射探测器（COBE）由美国研制，于 1989 年 11 月 18 日升空，1993 年 12 月 23 日停止工作。它最大的贡献是探测出微波背景辐射，使宇宙大爆炸理论进一步得到证实。它还证实：银河系相对于背景辐射有一个相对的运动速度。2006 年，美国科学家斯穆特因和马瑟因领导宇宙背景辐射探测器小组取得杰出的研究成果，获得了诺贝尔物理学奖，宇宙背景辐射探测器被诺贝尔奖委员会评价为宇宙学成为精密科学的"起点"。

宇宙背景辐射探测器

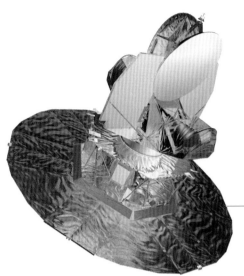

"威尔金森"微波各向异性探测器（WMAP）

"威尔金森"微波各向异性探测器（WMAP）由美国研制，于 2001 年 6 月 30 日发射成功，2010 年 10 月 28 日停止工作。"威尔金森"微波各向异性探测器获得的宇宙微波背景图为天文学和物理学提供了许多观测数据，许多宇宙学中的基本问题，比如宇宙的年龄——137 亿年，就是天文学家借助"威尔金森"微波各向异性探测器获得的宇宙微波背景图提供的相关信息确定的。2003 年，美国科学家斯克兰顿领导的小组利用"威尔金森"微波各向异性探测器的观测数据，发现了暗能量存在的直接证据。

"威尔金森"微波各向异性探测器

红外天文卫星（IRAS）

红外天文卫星（IRAS）由美国、荷兰、英国合作研发，是人类向太空发射的第一个红外天文卫星。卫星配有 12 微米、25 微米、60 微米和 100 微米四种不同波段的探测器。红外天文卫星于 1983 年 1 月 25 日发射升空，后因液态制冷剂耗尽，于 1983 年 11 月 10 日停止工作，结束了历时 9 个半月的太空之旅。卫星在轨期间共发现了 30 多万个新天体，拓展了人类对宇宙的认识。

红外天文卫星

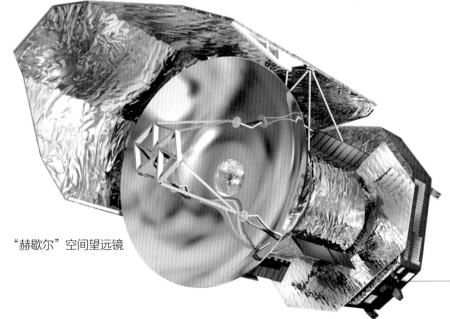

"赫歇尔"空间望远镜

"赫歇尔"空间望远镜以著名英国天文学家赫歇尔的名字命名，2009 年 5 月 14 日由欧洲航天局发射升空，是迄今为止人类发射的最大的远红外线望远镜。"赫歇尔"空间望远镜帮助天文学家对恒星、星系的形成及演化进行了研究。科学家根据"赫歇尔"空间望远镜对哈特彗星的观测结果，推测出地球上的大部分水最初可能来自彗星的撞击。2013 年 6 月 17 日，"赫歇尔"空间望远镜因为致冷剂耗尽而结束了使命。

"赫歇尔"空间望远镜

"哈勃"空间望远镜

1990年4月24日,"哈勃"空间望远镜(HST)由美国"发现号"航天飞机发射升空。这台以美国天文学家哈勃的名字命名的空间望远镜,由美国国家航空航天局负责,欧洲航天局和加拿大航天局参与研制,它的主要任务是对太阳、各类天体、银河系辐射源及银河系外辐射源,进行红外线、可见光和紫外线波段的观测。20多年来,"哈勃"空间望远镜源源不断地为人类传回许多宇宙天体的珍贵图像资料,正是通过它,人类发现了宇宙中最古老的星系,见证了恒星的形成和死亡,证实了黑洞的存在。"哈勃"空间望远镜将由观测能力更强的"詹姆斯·韦伯"空间望远镜(JWST)取代。

"哈勃"空间望远镜的组成

"哈勃"空间望远镜主要由光学部分、科学仪器和辅助系统三大部分组成。光学部分采用卡塞格伦式反射系统,主镜口径为2.4米,副镜口径为0.3米。科学仪器包括先进巡天相机(ACS)、宽视场/行星相机(WFPC2)、近红外相机和多目标光谱仪(NICMOS)、空间望远镜成像光谱仪(STIS)及精确制导敏感器(FGS)。"哈勃"空间望远镜的分辨率为0.02角秒,能探测到的最暗天体为28等星,可探测到比地面观测暗20倍的星体。其科学仪器可做不同组合和更换。

"哈勃"空间望远镜的性能及数据

"哈勃"空间望远镜总质量约11吨,全长12.8米,镜筒直径4.27米,设计寿命15年,运行在高593千米、倾角为28.5°的轨道上,轨道周期约97分钟。平均每个月,"哈勃"空间望远镜会产生829GB的观测数据,累计已超过100TB,观测和拍摄的图片及数据储存在磁光盘上。"哈勃"空间望远镜以太阳能为动力,有2个太阳能电池板、6个镍氢电池,约合20个汽车电池的容量。

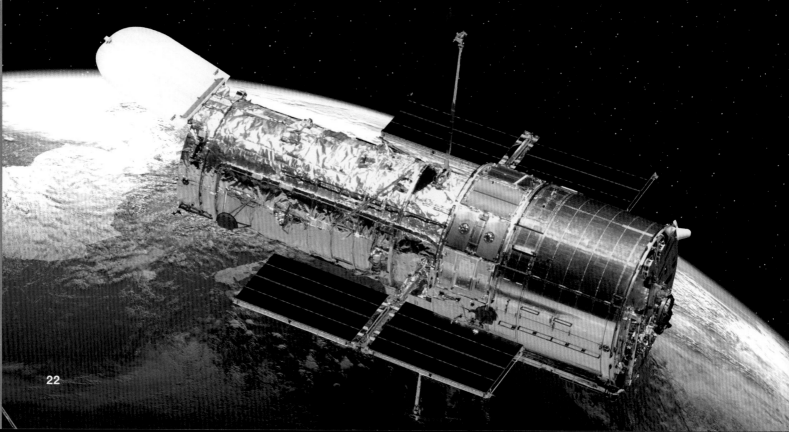

这是"哈勃"空间望远镜拍摄的恒星诞生阶段的照片。这张照片是船底座星云的一小部分，图中是一个3光年高的气体云柱的顶部。

"哈勃"空间望远镜拍摄的"星系玫瑰"是由3幅图片合成的

"哈勃"空间望远镜的观测

发射入轨后，"哈勃"空间望远镜在地球轨道上运行超过13万圈，累计约54亿千米，执行了120多万次观测任务，观测了超过38000个天体。1993年~2009年，"哈勃"空间望远镜进行了5次在轨维修和仪器更换，使望远镜性能显著提高，可辨别约140亿光年之外的天体。"哈勃"空间望远镜帮助天文学家测定了宇宙的年龄约为137亿年，证实了星系中央存在黑洞，发现了年轻恒星周围孕育行星的尘埃盘，帮助确认了宇宙中暗能量的存在，拍摄到彗星撞击木星的照片，观测到宇宙早期景象，获得了许多关于行星、恒星和星系的新发现。

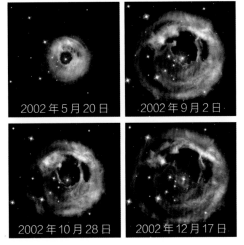

2002年5月20日   2002年9月2日

2002年10月28日   2002年12月17日

2002年5月~12月，"哈勃"空间望远镜拍摄了一系列照片，展示一次恒星爆发引起的光线反射。这颗恒星发出的光扩散到太空中，并反射到周围的星尘上。当不同的部分被依次照亮时，尘埃的外观会发生变化，像花朵一样悄然绽放。这种效应被称为"光回声"。

2016年3月4日，"哈勃"空间望远镜捕捉到距离地球134亿光年的GN-z11星系发出的微光，这是目前人类观测到距离最远的星系。这个星系位于大熊星座方向，是一个异常明亮的"婴儿星系"，我们现在观测到的是它在宇宙大爆炸后4亿年时的样子。

奇思怪问

"哈勃"空间望远镜发现的最遥远的恒星是什么？

人类迄今为止发现的最遥远的恒星是通过"哈勃"空间望远镜观测到的。这颗恒星距离地球超过90亿光年，被以希腊神话中的人物伊卡洛斯（Icarus）的名字命名。2011年时人们还没能观测到它，但2016年时它变得明亮可见了。研究人员认为，恒星伊卡洛斯比太阳大得多、热得多、质量也重得多，它呈蓝色，可能比太阳明亮数十万倍。

未来天文望远镜

未来十年，天文观测能力将迈上新台阶，进入以下一代空间望远镜、地基极大望远镜为主导的多功能望远镜观测时代。一系列大型的先进望远镜，包括欧洲极大天文望远镜、平方公里阵列望远镜、巨型单孔径望远镜、"詹姆斯·韦伯"空间望远镜等，将相继投入使用。

平方公里阵列望远镜（SKA）

平方公里阵列望远镜（Square Kilometre Array，简称 SKA）由 3000 多个外形很像大锅的天线组成。这些天线将分布在多个地区，加在一起的光线收集区总面积可达 1 平方千米，因此得名"平方公里阵列"。它建成后，将成为世界上最大的射电望远镜。它的灵敏度比世界上现有最好的望远镜高出 50 倍，可以更加全面地观测星空，降低"鱼漏网"的概率。

平方公里阵列望远镜在澳大利亚和南非都分布有偶极子天线阵。它将致力于回答关于宇宙的一些基本问题，如第一代天体如何形成、星系如何演化、宇宙磁场如何起作用以及引力、暗物质和暗能量的本质是什么等。

欧洲极大天文望远镜（E-ELT）

欧洲极大天文望远镜（European Extremely Large Telescope，简称 E-ELT）建立在智利海拔 3060 米的阿塔卡马荒漠高原上，其主镜重 5.5 吨，直径达 39 米。这台望远镜的修建工作于 2014 年开始，到 2024 年，这个大家伙就可以投入使用了。天文学家们希望借助这架望远镜研究行星诞生的奥秘，并探索宇宙中是否存在外星人。科学家们坚信，这架望远镜将会给人们对于宇宙的认识带来革命性的影响。

欧洲特大天文望远镜的概念设计图

"詹姆斯·韦伯"空间望远镜（JWST）

"詹姆斯·韦伯"空间望远镜（James Webb Space Telescope，简称 JWST）的名字取自美国国家航空航天局第二任局长詹姆斯·韦伯。"詹姆斯·韦伯"空间望远镜预计在 2021 年发射升空，将定点在拉格朗日点上，离地球约有 150 万千米的距离，主镜口径约为 6.5 米，由 18 块镜片组成，是一个没有镜筒的空间望远镜，主要进行红外观测。它将代替"哈勃"空间望远镜，帮助人类进一步观测深邃的宇宙。

"詹姆斯·韦伯"空间望远镜的主要任务是研究早期宇宙的状态，即拍摄宇宙"婴儿照"。

30 米望远镜的结构设计图

30 米望远镜（TMT）

30 米望远镜（Thirty Meter Telescope，简称 TMT）是一座由美国加州大学和加州理工学院负责研制，加拿大、日本、中国、巴西、印度等国参与建造的地面大型光学望远镜。这台望远镜建在美国夏威夷莫纳克亚山上，将会观测北半球的广阔星空，并进行关于暗能量、暗物质等的进一步研究，其强大的洞察宇宙的能力将促成天文学研究的跨越式发展。

中国天文望远镜

从光学望远镜到射电望远镜，从学习国外到自主研发，如今中国已经拥有许多领先世界的望远镜，如世界上获取光谱效率最高的望远镜——"郭守敬"望远镜（LAMOST）、世界上最大的单天线射电望远镜——500 米口径球面射电望远镜（FAST）等。

"郭守敬"望远镜的研究目标主要是河外星系的观测、银河系结构和演化、多波段目标证认三个方面

500 米口径球面射电望远镜

500 米口径球面射电望远镜（FAST）

500 米口径球面射电望远镜位于贵州省，利用喀斯特地区的洼坑作为望远镜台址，于 2016 年落成启用，是世界上最大的单口径射电望远镜。这台望远镜能帮助中国把空间测控能力由地球同步轨道延伸至太阳系外缘；能跟踪探测日冕物质抛射事件，服务于空间天气预报；还能用于搜寻、识别星际通讯信号，寻找地外文明。

13.7 米毫米波射电望远镜

紫金山天文台 13.7 米毫米波射电望远镜

紫金山天文台 13.7 米毫米波射电望远镜位于美丽的青海，建成于 1990 年，是中国毫米波段的一台大型设备。它的口径为 13.7 米，主要用于宇宙毫米波射电天文观测。利用这台望远镜观测到的数据，天文学家在恒星、宇宙的起源和演化的研究上取得了一大批成果。

"郭守敬"望远镜（LAMOST）

"郭守敬"望远镜又称大天区面积多目标光纤光谱天文望远镜，建成于 2008 年，建在国家天文台河北兴隆观测基地。它突破了天文望远镜大视场与大口径难以兼得的难题。"郭守敬"望远镜能同时获得 4000 个天体的光谱，因此也是世界上光谱获取率最高的望远镜。

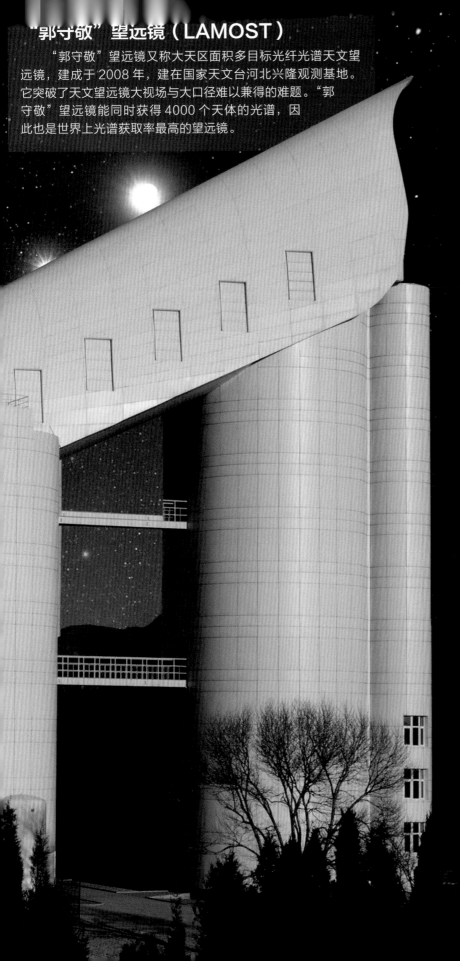

21 厘米射电望远镜阵（21CMA）

21 厘米射电望远镜阵是"宇宙第一缕曙光"探测项目的别称。宇宙曾经历过一个漫长的黑暗时期，直到第一代恒星诞生才有了第一缕曙光，光芒才逐渐照亮了整个宇宙。21 厘米射电望远镜阵就是世界上最早搜寻宇宙第一缕曙光的大型射电望远镜阵列，于 2006 年建成。科学家们希望通过它看到宇宙中第一代恒星发出的光芒，进而了解第一代恒星诞生的全部历史，了解宇宙是如何从黑暗走向光明的。

21 厘米射电望远镜阵建在电波环境相对干净的新疆乌拉斯台山谷中，共有 1 万根天线。

2.16 米光学望远镜

国家天文台 2.16 米光学望远镜位于兴隆观测基地，是中国最重要的天体物理观测设备之一，被誉为中国天文学发展史上的一个里程碑。它由中国自行研制，于 1989 年正式投入使用，曾是国内最大的光学望远镜。它可以观测到 25 等以上的亮星，相当于能够看到 20000 千米之外一根火柴燃烧的亮光。

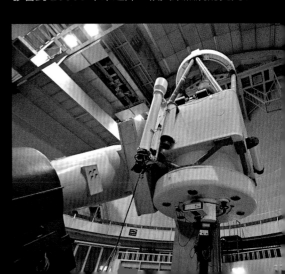

天文台

天文台是负责地球大气外天体的观测和研究的机构。在天文台里，天文望远镜是天文学家的眼睛。美国夏威夷的莫纳克亚山、西班牙的加那利群岛和智利的安第斯山脉，是世界上最好的三大天文观测地，因此这三个地方建有许多天文台。

天文台内部结构示意图

为了使用方便和便于保护，望远镜都固定安装在圆顶观测室内。

泰德峰天文台的望远镜群

夏威夷莫纳克亚天文台

莫纳克亚天文台坐落于美国夏威夷大岛莫纳克亚山的顶峰上，海拔4205米。这里空气洁净，气流稳定，是世界上最适合进行天文观测的基地之一。山顶上排列着世界各国的天文台，能观测从毫米波到光学波段的天体辐射。美国的8.1米北半球双子星望远镜（Gemini）、日本的8.3米昴星团望远镜(Subaru Telescope)、凯克天文台的两座口径10米的光学/近红外线望远镜等都"落户"在此。

西班牙加那利群岛

西班牙加那利群岛位于非洲，人迹罕至，没有外界光源的干扰，利于天文观测。由于纬度较低，这里能看到北半球的所有星星和南半球的部分星星。群岛上配备了大量世界级的天文观测设施。特内里费岛的泰德峰天文台拥有著名的"威廉·赫歇尔"天文望远镜；拉帕尔马岛的穆察克斯天文台则配备了口径达10.4米的加那利大型望远镜（GTC）。加那利大型望远镜是世界最大的光学望远镜，天文学家们希望利用它在宇宙中搜寻类似地球的星体。

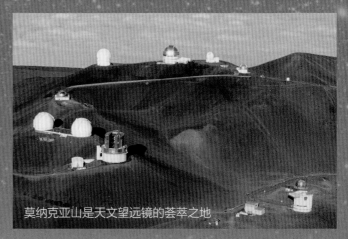

莫纳克亚山是天文望远镜的荟萃之地

格林尼治皇家天文台

格林尼治皇家天文台

英国格林尼治天文台始建于 1675 年，台址选在伦敦东南郊的格林尼治皇家花园。建台后，人们主要利用它来进行时间校准、恒星方位研究、航海天文、天文历书等方面的工作。1767 年，格林尼治天文台开始出版以格林尼治时间为准的《航海天文年历》。1884 年，世界上统一将通过格林尼治天文台的格林尼治子午线定为本初子午线，并作为世界时区的计算起点。

在智利设立天文台

智利是世界上最狭长的国家，得天独厚的地理位置和良好的大气层质量，使它成为天文研究的理想场所，许多国际天文科研机构都在智利设立了天文台。如今，阿塔卡马天文台、拉西拉天文台、帕瑞纳天文台、托洛洛山美洲际天文台等 30 多个天文台，都设在智利。

帕瑞纳天文台（Paranal observatory）是欧洲南方天文台甚大望远镜（VLT）的所在地，位于智利的帕瑞纳山上。这里有极好的观测条件，很多天文发现都源自这里。

干燥的气候和几乎不存在的光污染，使阿塔卡马沙漠成为探索南半球天空中天文研究热点的最佳天文观测地点之一。夜空下的阿塔卡马沙漠上，阿塔卡玛大型毫米波 / 亚毫米波望远镜阵列十分壮观。

阿塔卡马天文台

阿塔卡马沙漠位于安第斯山脉和太平洋之间，这里的自然环境与火星类似，是世界上最干燥的地区之一。现在，这里拥有世界上最大、最强的天文台。2013 年在这里建成的阿塔卡玛大型毫米波 / 亚毫米波阵列（ALMA），是迄今全球投资额最大的天文台。它由 66 组射电望远镜共同组成，用来探索宇宙的最深处。其清晰度和灵敏度都是前所未有的。

激光干涉引力波天文台

　　激光干涉引力波天文台(LIGO)是位于美国的大型物理实验和天文观测台，由美国加州理工学院和麻省理工学院设计、建造及运行。天文台始建于1994年，2002年8月开始观测。为了保证数据可靠，科学家们在两个站点放置了相同的探测器，一个站点位于美国西北海岸（华盛顿州）汉福德市，另一个位于美国南海岸（路易斯安那州）利文斯顿市。激光干涉引力波天文台主要用于探测宇宙间的引力波，同时尝试将引力波探测和观测作为天文学研究的全新工具。截至2018年底，激光干涉引力波天文台已探测到11次引力波现象，其中10次是来自黑洞的碰撞。第6次引力波探测事件发生在2017年8月17日，这次引力波源自两颗中子星的合并，同时产生了可见光信号，并被地球上的其他光学望远镜探测到，进一步证实了引力波的存在。

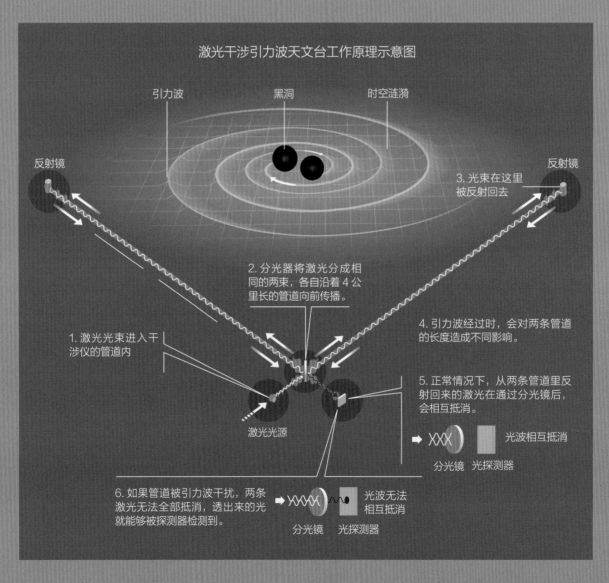

激光干涉引力波天文台工作原理示意图

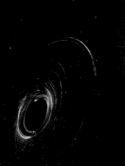
GW150914 引力波事件黑洞合并想象图

GW170817 引力波事件中子星合并想象图

2015 年，激光干涉引力波天文台首次确认探测到引力波。科学家认为这源自于两个黑洞的合并。

两颗中子星发生撞击，它们的质量分别是太阳质量的 1.1 倍和 1.6 倍，但是距离地球比较近，只有约 1.3 亿光年。撞击不仅向外辐射出引力波，大量的其他波段的辐射也同时被不同类型的探测器、望远镜观测到。这对于引力波的存在是一个强大的佐证。

激光干涉引力波天文台工作原理

激光干涉引力波天文台由距离较远的两个台站组成。利文斯顿天文台和汉福德天文台分别拥有一个 L 型的超高真空系统，每边长 4 千米，互为直角。波长为 1064 纳米的激光在真空管路里经过反射，光路长度达到 1120 千米。如果此时有引力波经过两条真空管，必将造成管路长短的细微变化，通过测量这个变化量，就可以探测到引力波。虽然原理简单，但是测量的难度非常大。首先，这个管道的变化量非常小，事前估测只有 10^{-18} 米数量级，这相当于质子直径的千分之一；其次，环境误差可能非常大，周围的地质震动、温度变化等都有可能导致光路的变化并影响测量数据。因此，激光干涉引力波天文台本身也是人类工程技术、计算机技术等集大成的产物。两个台址相距 3002 千米，引力波到达将有约 10 毫秒的时间差，通过三边测量，就有可能确定引力波的来源。

激光干涉引力波天文台的成果

激光干涉引力波天文台于 2015 年首次确认探测到引力波，这就是 GW150914 引力波事件。科学家认为引力波源自于两个黑洞的合并，其中一个黑洞的质量是太阳质量的 29 倍，一个是太阳质量的 36 倍。合并过程中，大约 3 倍太阳质量的能量瞬间转化为引力波，经过 13 亿年后到达地球，并被激光干涉引力波天文台探测到。截至 2018 年底，激光干涉引力波天文台已探测到 11 次引力波现象。

汉福德天文台

利文斯顿天文台

中国的天文台

相传，中国早在 4000 多年前就建立了天文台，不过那时的天文台称为清台。建于明代的北京古观象台是世界上最古老的天文台之一。现在，中国有国家天文台、紫金山天文台和上海天文台三大天文台。这些天文台的天文望远镜大多建在远离城市的山上，这里大气较稳定、干扰小，几乎不会有雾霾天气，而且没有明亮的灯光干扰天文观测。

国家天文台

国家天文台成立于 2001 年 4 月，总部设在北京。国家天文台系统设有 30 多个领域的前沿研究团组，在河北、西藏、云南、新疆、内蒙古等地建有观测台站。国家天文台目前正在开展的项目包括 500 米口径球面射电望远镜、"郭守敬"望远镜以及探月工程等，在太阳物理方面颇有建树。

在怀柔观测站，我们可以得到太阳的详细资料。科学家们用这里的望远镜研究以太阳耀斑为主的活动区，还可以预报太阳活动对空间环境和通讯的骚扰。

中国科学院国家天文台西藏羊八井观测站始建于 2009 年，台址海拔 4300 米，是国家天文台在西藏建造的第一个专业天文台站。站内拥有目前北半球台址海拔最高的亚毫米波望远镜 CCOSMA 及多架光学望远镜。经科学监测，这里是优秀的光学、红外、毫米波 / 亚毫米波及射电等多波段天文台站。

密云射电天文观测基地有一面 50 米口径的天线，是为完成探月工程任务而新建的。

上海佘山天文台

紫金山天文台

紫金山天文台成立于 1950 年，总部位于南京的紫金山上，在中国有紫金山科研科普园区、青海观测站、盱眙天文观测站等 7 个野外业务观测台站，各野外台站的中大型望远镜共有 11 架。天体物理和天体力学是紫金山天文台的主要研究方向。

紫金山天文台

上海佘山天文台

上海佘山天文台建于清光绪二十六年 (1900 年)，是中国最早的现代意义上的天文台，也是中国近代天文学的重要发源地之一。百年来，它为中国积累了大量珍贵的天文资料，已被列为全国重点文物保护单位。

南极巡天望远镜"AST3-2"是中国在冰穹 A 地区布放的第二台南极巡天望远镜。其主镜口径达 680 毫米，有效通光口径达 500 毫米，采用了大视场折反射望远镜光学系统，具备指向跟踪和自动调焦等功能，是南极现有最大的光学望远镜。它配备的单片 CCD 相机像素达 1 亿，一次曝光可覆盖约 4.3 平方度的天空，相当于 18 个月亮的大小。

南极冰穹 A（Dome A）

南极冰穹 A 是南极四个重要冰穹之一，是一个 60 千米 ×15 千米的平台。冰穹 A 之外的另三个冰穹已被其他国家"占领"，并建立了永久天文台。2009 年，中国在南极冰穹 A 设立了考察站及天文台。这里的冬季全是黑夜，没有太阳光、尘埃、水汽的干扰，大气环境可与太空相媲美，是地面上进行天文观测的绝佳场所。

奇思怪问 天文台在雾霾天能工作吗？

有的天文台建得较早，离市区较近，易受城市雾霾的影响，如国家天文台兴隆观测站。虽然与市区相比，兴隆观测站所在的市郊雾霾程度较轻，但遇到雾霾天，这里的光学望远镜和红外望远镜仍会受很大影响，几乎无法观测。不过，雾霾对射电望远镜却基本没影响，因为影响其观测的主要是大气中水汽的含量，而不是大气中细颗粒物的含量。而且射电望远镜对电磁环境的要求高，一般建在人烟荒芜的地方，不会有被雾霾干扰的问题。

天文馆

想了解天文学，除了阅读书籍，天文馆也是一个不可不去的好地方。天文馆既是天文知识库，有讲述各方面天文知识的精彩展览，也是一个天象大舞台，在科普剧场放映令人大开眼界的天象节目。天文馆的"心脏"是天象仪。有了天象仪，天文馆才算得上是名副其实的天文馆。德国的德意志博物馆天文馆、美国的阿德勒天文馆、中国的香港太空馆等，都是世界上著名的天文馆。

格里菲斯天文台

格里菲斯天文台位于美国洛杉矶，与著名的好莱坞山遥遥相对，是仰望星空的好去处，也是俯瞰整个洛杉矶的绝佳场所。作为好莱坞的"邻居"，格里菲斯天文台在《爱乐之城》等好莱坞电影里都曾"客串"出场。这里有一幅世界上最长的天文画卷，画卷根据海量观测数据制作而成，画面长46.3米，里面绘制有 100 万个星系、50 万颗恒星和 1000 颗小行星。依照捐赠人的愿望，如今格里菲斯天文台不仅可以免费参观，甚至连用馆内的望远镜进行观测也是免费的。

香港太空馆

中国的香港太空馆是世界上第一座拥有全自动天象节目控制系统的天文博物馆。这里的何鸿燊天象厅装有东半球第一座全天域电影放映设备，每天都有超高清的全天域天象节目放映；这里的太空科学展览厅拥有许多体验设施，可以让你像真正的航天员一样模拟飞行，还可以体验模拟在只有 1/6 地球引力的月球上漫步的奇妙感受。这里还有科幻小说展览区，能够让喜欢太空科幻小说的朋友大饱眼福。它拥有独特的蛋形"外壳"，已成为香港的一个著名地标。

瓦伦西亚大眼球天文馆

在西班牙的瓦伦西亚，有一个美丽的"大眼球"远近闻名，这就是欧洲最大的天文馆——瓦伦西亚大眼球天文馆的所在地。把人类瞭望宇宙的灵魂之窗——眼睛，作为人类瞭望宇宙的知识之窗——天文馆所在建筑的外形，可谓匠心独运。这座天文馆拥有西班牙乃至欧洲最大的球幕，投影面积达900平方米。除了展示星空的蔡司天象仪外，这里还有先进的巨幕电影（IMAX）、数字球幕等播放设备，能逼真地展示各种天文影像，让人大饱眼福。

阿德勒天文馆

阿德勒天文馆建立于1928年，坐落在美国芝加哥美丽的伊利诺伊湖畔，是美国第一座天文馆，也是西半球第一座现代天文馆。阿德勒天文馆堪称天文馆界的先驱，一直引领着世界天文馆的发展。这里建立了世界上第一个表演交互式全天域三维图像的太空剧场，开创了一个馆里有两个圆顶剧场的先例，还拥有世界上分辨率最高的数字影院。这座影院不仅有纳米拼接技术制成的超大无缝屏幕，还有2组超级计算机和20个军用级投影机。这里的展品也十分丰富，包括1529年制造的日晷、赫歇尔制作的望远镜，还有中国古代的天球仪和星图。

德意志博物馆天文馆

德国的慕尼黑是世界上第一个建立天文馆的城市。德意志博物馆的天文展览是世界上最大的天文展览，它的展览重点在古典天文学和天体物理学方面。1913年，奥斯卡·范·米勒向德国的蔡司公司提出制作一台能够展示天体的位置和运行状态的天象仪。12年后，世界上第一台天象仪终于在慕尼黑的德意志博物馆天文馆公开亮相。这台仪器能在半球型的银幕上放映4500颗恒星的图像，制造出一片足以以假乱真的人造星空，吸引了无数天文爱好者的眼球。德意志博物馆天文馆也因为拥有这台天象仪而成为世界第一座天文馆。

北京天文馆

北京天文馆是中国国家级自然科学类专题博物馆，也是中国目前唯一一座大型专业天文科普场馆。场馆分 A 馆、B 馆两部分。A 馆始建于 1955 年，1957 年正式对外开放；2004 年，B 馆也正式落成，与观众见面。天文馆拥有天象厅、宇宙剧场、3D 剧场、4D 剧场等几个主要的科普剧场，以及天文展厅、大众天文台、天文教室等各类科普教育设施，是儿童、青少年及天文爱好者的科普乐园。

北京天文馆拥有近 60 年的专业天文科普经验，以及目前世界上最先进的光学天象仪、数字天象仪和互动体验展览展示设备，能够让观众拥有精彩的天文科普体验。

北京天文馆宇宙剧场

北京天文馆宇宙剧场是中国大陆首家球幕立体宇宙剧场，有着倾角为 15° 的标准半球全天域银幕。剧场内播放超高分辨率的细腻画面，搭配高浸入式显示技术，使画面艳丽感人，3D 效果卓越超群。球幕系统拥有庞大的天文数据库，启用实时模式，通过立体显示，将复杂的天体运动清晰呈现出来。

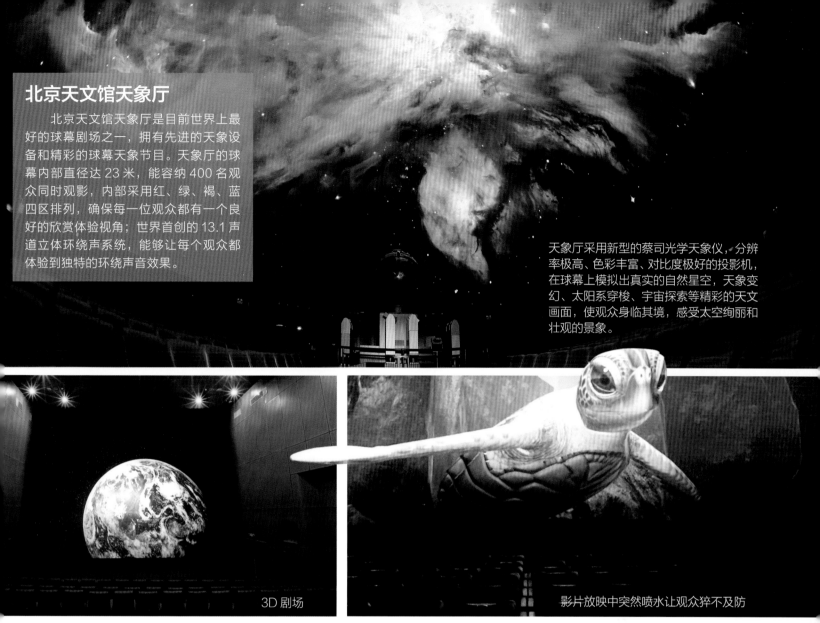

北京天文馆天象厅

北京天文馆天象厅是目前世界上最好的球幕剧场之一，拥有先进的天象设备和精彩的球幕天象节目。天象厅的球幕内部直径达 23 米，能容纳 400 名观众同时观影，内部采用红、绿、褐、蓝四区排列，确保每一位观众都有一个良好的欣赏体验视角；世界首创的 13.1 声道立体环绕声系统，能够让每个观众都体验到独特的环绕声音效果。

天象厅采用新型的蔡司光学天象仪，分辨率极高、色彩丰富、对比度极好的投影机，在球幕上模拟出真实的自然星空，天象变幻、太阳系穿梭、宇宙探索等精彩的天文画面，使观众身临其境，感受太空绚丽和壮观的景象。

3D 剧场

影片放映中突然喷水让观众猝不及防

北京天文馆 3D 剧场

北京天文馆 3D 剧场是个阶梯形的小巨幕影院，剧场采用了先进的播放设备，播放 4K 高清科普节目，画面效果真实、清晰。戴上立体眼镜，如梦似幻的立体世界立即映入你的眼帘，先来一只来自白垩纪的霸王龙，又来一头远古的冰原巨兽，接着是一只凶猛的大白鲨……

北京天文馆 4D 剧场

北京天文馆 4D 剧场可容纳 200 名观众同时观看，播放的科普节目极具特色。观众观赏影片时需戴上特殊的偏振立体眼镜。根据影片情节的发展，特效设备会产生出喷水、喷风、闪电、捅背、滚珠、耳风和拍腿等特效，与影片真实同步表现，让观众在生动有趣的故事中学习到科学知识，在惊险刺激的冒险中探索自然的奥秘。

北京天文馆展厅

北京天文馆的展厅给观众提供了丰富多彩的各种展览，从四季星空到航空航天，从太阳本身到太阳系家族等，精彩的展项、丰富的内容、直接的体验，都能够给观众带来天文知识和学习的乐趣。

天文摄影

　　灿烂的星空是大自然对人类的恩赐。当你远离城市的喧嚣，来到山顶或荒野，见到璀璨的群星、壮丽的银河时，你是否想过将这些奇异的景象拍摄下来呢？天文摄影是一种特殊的摄影技术，所需的器材因拍摄对象而异，拍摄时间一般都在夜间，日食等特殊的天象则需要在日间拍摄。来吧，让我们一起仰望星空，通过相机镜头记录宇宙的瞬间及壮丽景象。

带地景的灿烂星空

选择拍星地

　　壮丽的星空不一定要在极偏远或荒无人烟的地方才能见到，在城市的远郊也能看到令人震撼的星空。比如在北京，在距市中心直线距离 60 千米以上的地方，就能看到银河。要选择晴朗的天气和海拔高的地方拍摄星空，以避开低空雾霾的影响。

摄影器材

　　拍摄星空，首选数码单反或微单相机。相机的高感好、画质高，具备全手动操控功能，可满足拍摄星空的专业需求。单反或微单相机，又可细分为全画幅和 APS-C 画幅（俗称半画幅）两种类型，一般全画幅画质更佳。镜头是摄影的必备器材，一般 35mm 以下的广角镜头适合拍摄大范围的星空或银河，标准或中焦镜头适合拍摄不同大小的星座全貌，长焦镜头适合拍摄太阳、月球的特写或星云、星团、星系等深空天体。

使用三脚架可实现理想的构图和长时间曝光，利用快门线可避免按快门时产生的相机震动，B 门长时间曝光也需要快门线。

拍摄星空

天气晴朗时，我们可以拍摄星轨。将镜头对准选定的星空，同时将地景收入镜头，设置连拍，后期叠加，就能得到星轨照片。这样拍摄可以表现斗转星移的效果。在野外，遇到灿烂的星空，我们可以拍摄单张强曝光的照片来展示星空的壮美。这时要使用大光圈广角镜头，设置较高的感光度，带上漂亮的地景，就可以长时间曝光了。

日月特写

如果有长焦镜头或望远镜，你可以尝试拍摄太阳或月球的特写。可以通过专用的摄影转接环将望远镜与相机连接，然后清晰调焦、设置合适的曝光参数，就可以拍摄了。月球适合在其上弦月或下弦月前后拍摄特写，此时阳光斜射明暗交界线，附近的环形山特别有立体感，数量也显得很多。太阳特写则是主要表现太阳上面的黑子。拍太阳特写时必备的一个东西是巴德膜，它能减弱强烈的阳光，避免损坏相机。

图片后期处理

对于天文摄影而言，科学而合理的后期处理是非常重要的。适当的后期处理，可以凸显照片中的有效信息，降低照片中的噪点，给照片增色。常见的后期处理软件有 Photoshop、Lightroom等。后期处理是一个长期摸索、实践、提高的过程，需要持之以恒地学习。

图片后期处理
前后对比

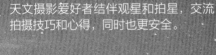

天文摄影爱好者结伴观星和拍星，交流拍摄技巧和心得，同时也更安全。

飞向太空
SPACE FLIGHT HISTORY

美国航天员阿姆斯特朗走出登月舱踏上月球时说："这是我个人的一小步，但却是人类的一大步。"

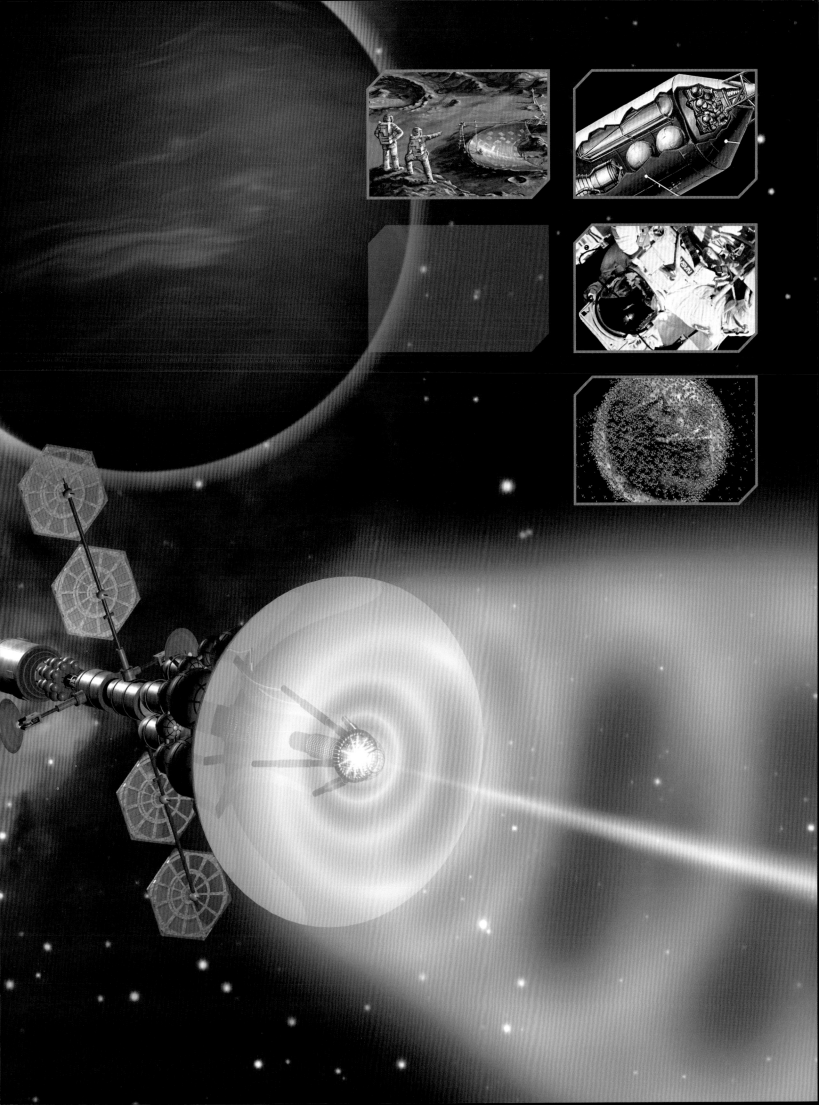

运载火箭

运载火箭是由多级火箭组成的运载工具，它的任务是把人造地球卫星、载人航天器和空间探测器等有效载荷送入预定轨道。运载火箭是第二次世界大战后在导弹的基础上开始研发的，第一枚成功发射卫星的运载火箭是苏联用洲际导弹改装的"卫星号"运载火箭。

美国"宇宙神5号"运载火箭为两级火箭，高58.3米，直径3.81米，起飞质量546.7吨，近地轨道运载能力9.75吨~29.42吨，地球同步轨道运载能力4.75吨~13吨。"宇宙神"系列运载火箭是20世纪50年代由"宇宙神"洲际导弹演变而来的，于2002年8月首次发射。"宇宙神5号"运载火箭在美国深空探测计划中承担着运载任务，2006年1月，"宇宙神5号"火箭成功发射了"新视野号"探测器。

载人火箭

载人火箭是用来发射载人飞船的，因为有航天员乘坐在里面，所以对其可靠性、安全性的要求特别高。一般每发射无人运载火箭100次，会有9次左右的失败概率。但每发射载人火箭100次，失败不得超过3次。即使发射失败，也要想办法把航天员救回来。所以载人火箭的顶上会装一个逃逸塔，一旦主火箭发生事故，就用逃逸火箭带着飞船逃离，然后打开降落伞，使飞船返回舱安全返回地面。

火箭升空

火箭升空前，工作人员要对火箭上的电子设备进行测试，然后加注燃料。火箭进入发射程序后，燃料泵向发动机燃烧室里送入燃料，然后点火，发动机就产生了推力。当推力超过火箭的自重和固定设备的受力极限，火箭就会向上升起。垂直上升到一定高度后，火箭会进入程序转弯，向着预定的轨道飞行。到了一定的高度，火箭助推器及工作完毕的各级火箭燃料耗尽，就会自动脱离。

苏联研制的"能源号"运载火箭曾发射"暴风雪号"航天飞机，它的近地轨道运载能力为105吨，地球静止轨道运载能力为20吨。这个火箭发射了2次，1988年以后因"暴风雪号"航天飞机下马而停用。

多级火箭

　　运载火箭一般由火箭本身和整流罩组成，被运送的航天器就放在整流罩里。运载火箭一般有 2 ~ 4 级，最下方的火箭称为第一级，起飞时一级发动机首先点火工作，燃料用完之后脱落掉回地面，然后依次点燃各级发动机。有时候，为了运送很重的飞船或卫星，需要在第一级火箭旁边再捆绑几个火箭，这几个火箭称为助推火箭。

载人飞船与火箭分离

最后一级火箭燃尽之后，火箭与载人飞船分离，火箭掉入大气层烧毁。

载人飞船进入预定轨道

二级火箭发动机关机

整流罩分离

如果还有更多级火箭，也用同样的方式分离。

二级火箭发动机点火

一级火箭发动机关机

助推器分离

逃逸塔分离

点燃一级火箭发动机及助推器

"长征二号"F火箭起飞

火箭发动机

　　现在的运载火箭一般采用液体燃料的发动机，所以火箭的大部分体积都被燃料贮箱所占据，发动机看上去只是附着在燃料贮箱下面的一个小设备。也有一些火箭采用固体燃料发动机，长长的药柱就装在发动机里面，占据了火箭的大部分体积，发动机的尾部是喷管。

第三宇宙速度又称逃逸速度

宇宙速度

　　科学家研究发现，物体在飞行速度达到一定值时，就可以不再落回地面，这个速度称为宇宙速度。第一宇宙速度为 7.9 千米 / 秒，是指物体绕地球作圆周运动的速度；第二宇宙速度为 11.2 千米 / 秒，是指物体完全摆脱地球引力束缚，飞离地球所需要的最小初始速度，在地球引力的作用下它并不是直线飞离地球，而是按抛物线飞行；第三宇宙速度为 16.7 千米 / 秒，是指在地球上发射的物体摆脱太阳引力束缚，飞出太阳系所需的最小初始速度。

第二宇宙速度又称脱离速度

第一宇宙速度又称环绕速度，也是人造地球卫星的最小发射速度。

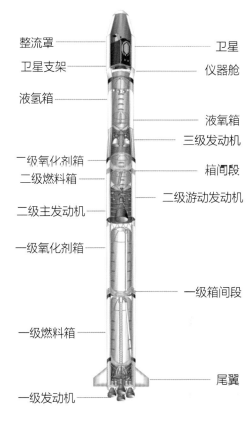

整流罩

卫星支架

液氢箱

一级氧化剂箱

二级燃料箱

二级主发动机

一级氧化剂箱

一级燃料箱

一级发动机

卫星

仪器舱

液氧箱

三级发动机

箱间段

二级游动发动机

一级箱间段

尾翼

中国"长征三号"A 火箭结构示意图

奇思
怪问

火箭的力量从哪来？

　　我们知道，气球充满气后再松开充气口，它就会一边喷气一边飞。火箭就是根据喷气推进原理制成的。燃料在火箭发动机内燃烧，产生的高温高压气体在喷管里经历一个先压缩后膨胀的过程，然后以很高的速度和压力喷出去。在反作用力的推动下，火箭飞向空中。火箭受到的反作用力越大，火箭的推力就越大，能运载的航天器就越重。

火箭回收

　　2015 年 12 月 22 日，美国太空探索技术公司（SpaceX）发射了"猎鹰 9 号"火箭，并在火箭升空后 10 分钟成功完成第一级火箭回收任务。这是人类历史上第一次实现一级火箭回收。传统的运载火箭只能一次性使用，在发射后火箭残骸坠落地面或在大气层中燃烧殆尽，通常只剩下一些金属残片。2017 年，"猎鹰 9 号"火箭实现重复使用。人类掌握火箭回收与重复使用技术，将使航天发射的成本大幅降低，从而让更多大型航天器便捷地驶入太空。火箭回收还能更好地保障地面人员和财产安全，有利于保护环境。

"猎鹰 9 号"一级火箭的回收技术以着陆支架、姿态控制技术、推进剂交叉供应和高效发动机为亮点。火箭可通过主发动机 3 次点火制动减速，来控制火箭的下落速度，由 1300 米 / 秒减速为 2 米 / 秒。

"猎鹰 9 号"火箭

　　"猎鹰 9 号"（Falcon 9）火箭是美国太空探索技术公司研制的可回收式中型运载火箭，于 2010 年 6 月 4 日完成首次发射。"猎鹰 9 号"是二级火箭，直径 3.7 米，高 70 米，质量约 549 吨，近地球轨道运载能力为 22.8 吨，地球同步转移轨道运载能力为 8.3 吨。火箭的顶端和外层采用超强度铝锂合金材料制造，并在后盖上面覆盖了特制的挡热板，用以确保"猎鹰 9 号"第一级和第二级在重入地球大气层时免遭损坏，这样便可回收再利用。"猎鹰 9 号"为垂直起降的运载火箭，爬升时的速度达 1600 米 / 秒。为了让直线上升的火箭"毫发无伤"地垂直下降，工程师们打造了浮动的海上火箭降落埠。

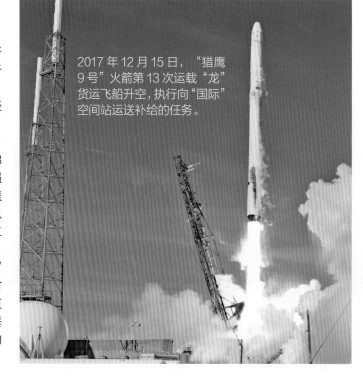

2017 年 12 月 15 日，"猎鹰 9 号"火箭第 13 次运载"龙"货运飞船升空，执行向"国际"空间站运送补给的任务。

海上回收平台

"猎鹰9号"回收失败

　　截至2018年底，"猎鹰9号"共发射65次，其中有数次发射或回收失败。2015年1月14日，"猎鹰9号"火箭成功将"龙"货运飞船送向"国际"空间站，但在第二天的火箭回收试验中软着陆"跌跤"，火箭和平台全部损毁。2015年6月28日，"猎鹰9号"火箭执行"国际"空间站货运补给任务，火箭升空2分半钟后突然爆炸解体，携带约2500千克补给的货舱也被炸毁，这是8个月内空间站补给任务第三次失败。2016年1月17日，搭载一颗海洋观测卫星的"猎鹰9号"成功发射，但火箭第一级海上回收尝试再次以失败告终。2018年7月25日，"猎鹰9号"火箭成功将10颗卫星发射至目标轨道，随后火箭第一级成功实现海上回收，但整流罩回收再次失败。

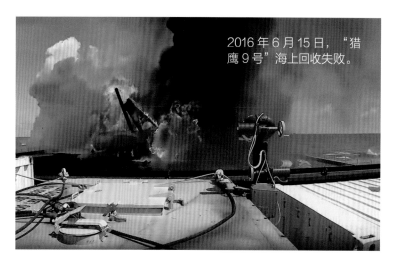

2016年6月15日，"猎鹰9号"海上回收失败。

"猎鹰9号"搭载着"龙"货运飞船顺利升空，一级火箭稳稳地降落在海上平台。

"猎鹰9号"的功绩

　　2016年4月9日，"猎鹰9号"搭载着"龙"货运飞船顺利升空，一级火箭助推器分离之后，再次尝试难度极高的海上回收任务。在这之前多次尝试失败后，一级火箭稳稳地降落在海上平台，实现历史性突破。2018年6月29日，"猎鹰9号"第15次为美国国家航空航天局执行向"国际"空间站运送补给的任务，利用"龙"货运飞船为"国际"空间站送去约2.7吨的食物、水、科学实验用仪器设备等以及在太空微重力环境下测试的技术，还有一只将在"国际"空间站上"生活"的人工智能机器人。2018年10月7日，"猎鹰9号"火箭成功将阿根廷一颗地球观测卫星送入太空，并首次在美国西海岸成功实现火箭第一级的陆地回收。

2018年1月8日，"猎鹰9号"火箭发射升空，将"祖玛"卫星送入预定轨道。一位美国摄影师利用长时间曝光和叠加的手法，拍到了一张精美的照片，展现了这次发射连同一级火箭回收的全部细节。

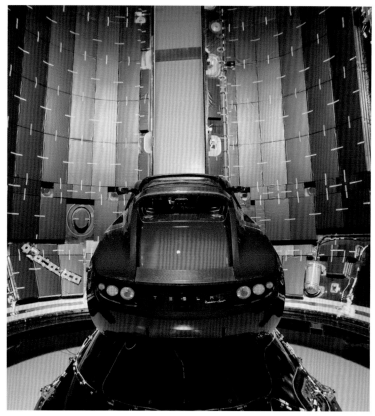

2018年2月6日，"猎鹰"重型火箭携带一辆红色特斯拉跑车发射升空。

航天器

航天器又称太空飞行器、空间飞行器，是按照天体力学规律在太空中飞行的人造物体。也就是说，航天器的飞行一般只受到各种天体引力的作用，空气摩擦阻力对轨道很高的航天器的影响很小。航天器主要的任务是探索太空或利用地外资源。目前世界最大的航天器是"国际"空间站，它由 16 个国家或地区组织参与建设，1998年开始建站，于 2011 年完成建造任务，转入全面使用阶段。

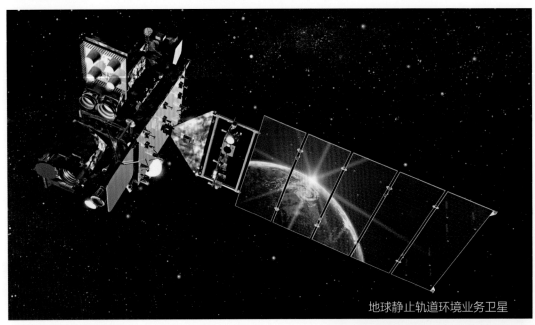

地球静止轨道环境业务卫星

航天器的种类

航天器有多种分类方法，可按其轨道性质、科技特点、质量大小、应用领域等进行分类，按应用领域可分为军用航天器、民用航天器和军民两用航天器。航天器还可分为无人航天器和载人航天器。无人航天器包括人造地球卫星、空间探测器等，载人航天器包括载人飞船、航天飞机、空间站等。各种航天器中，数量最多的是人造地球卫星，尤其是承担通信、遥感、导航等功能的各种应用卫星。

航天器的系统组成

航天器由不同功能的若干系统组成，一般分为专用系统和保障系统两类。专用系统又称有效载荷，用于直接执行特定的航天任务；保障系统又称通用载荷，用于保障专用系统正常工作。专用系统种类很多，随航天器执行的任务不同而异，但保障系统往往是相同或类似的，一般包括结构系统、热控制系统、电源系统、姿态与轨道控制系统、无线电测控系统、返回着陆系统、应急救生系统和计算机系统。

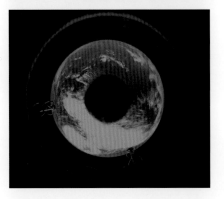

2010 年，浙江大学成功研制并发射了中国首颗公斤级卫星——"皮星一号"A卫星。卫星在运行到第 14 圈时，用自带相机拍下了地球照片，并传回了地面。

飞得最远的航天器

美国"先驱者10号"探测器曾是飞得最远的航天器，在人类最后一次与其联系时，"先驱者10号"距离地球122.3亿千米。这个纪录一直保持到1998年2月。目前飞得最远的航天器，当数美国于1977年9月发射的"旅行者1号"。它先后探测了木星和木星卫星、土星和土星卫星、土星环、天王星、海王星等，并测量太阳风粒子、探测太阳风顶，现在"旅行者1号"已经飞离地球约200多亿千米。太阳系的半径为15万亿千米～30万亿千米，而"旅行者1号"只飞越了太阳系半径的千分之一。"旅行者1号"任重而道远。

"旅行者1号"探测器

"先驱者10号"探测器

第一个摆脱地球引力的航天器

1959年1月，苏联成功发射"月球1号"探测器。由于地面控制系统出现问题，末级火箭的点火时间出现误差，导致"月球1号"没有按计划撞击月球，而是在距离月球表面约6000千米处掠过月球，成为第一个摆脱地球引力场的航天器。"月球1号"质量为361千克，奔月速度达到11.17千米/秒，它在飞行过程中获取了月球磁场、宇宙射线等数据，是人类发射成功的第一个空间探测器，也是第一个抵达月球附近的探测器。在"月球1号"发射之前，苏联曾三次发射失败，"月球1号"是苏联发射的第4个月球探测器，是"月球号"系列探测器中的第一个成员。

"月球1号"最终的命运是成为第一颗绕太阳公转的人造天体，它的公转周期为450天。

人造地球卫星

人造地球卫星是指环绕地球在空间轨道上运行至少一圈的无人航天器，简称人造卫星或卫星。人造地球卫星的种类非常多，可分为技术试验卫星、应用卫星和科学卫星。技术试验卫星用于研究卫星本身的某种新技术，应用卫星直接服务于人们的社会活动，科学卫星用于发现和研究宇宙或其他领域的科学现象。也有人按照军用卫星和民用卫星来划分卫星的种类。

1957 年 10 月 4 日，苏联发射了世界第一颗人造地球卫星。

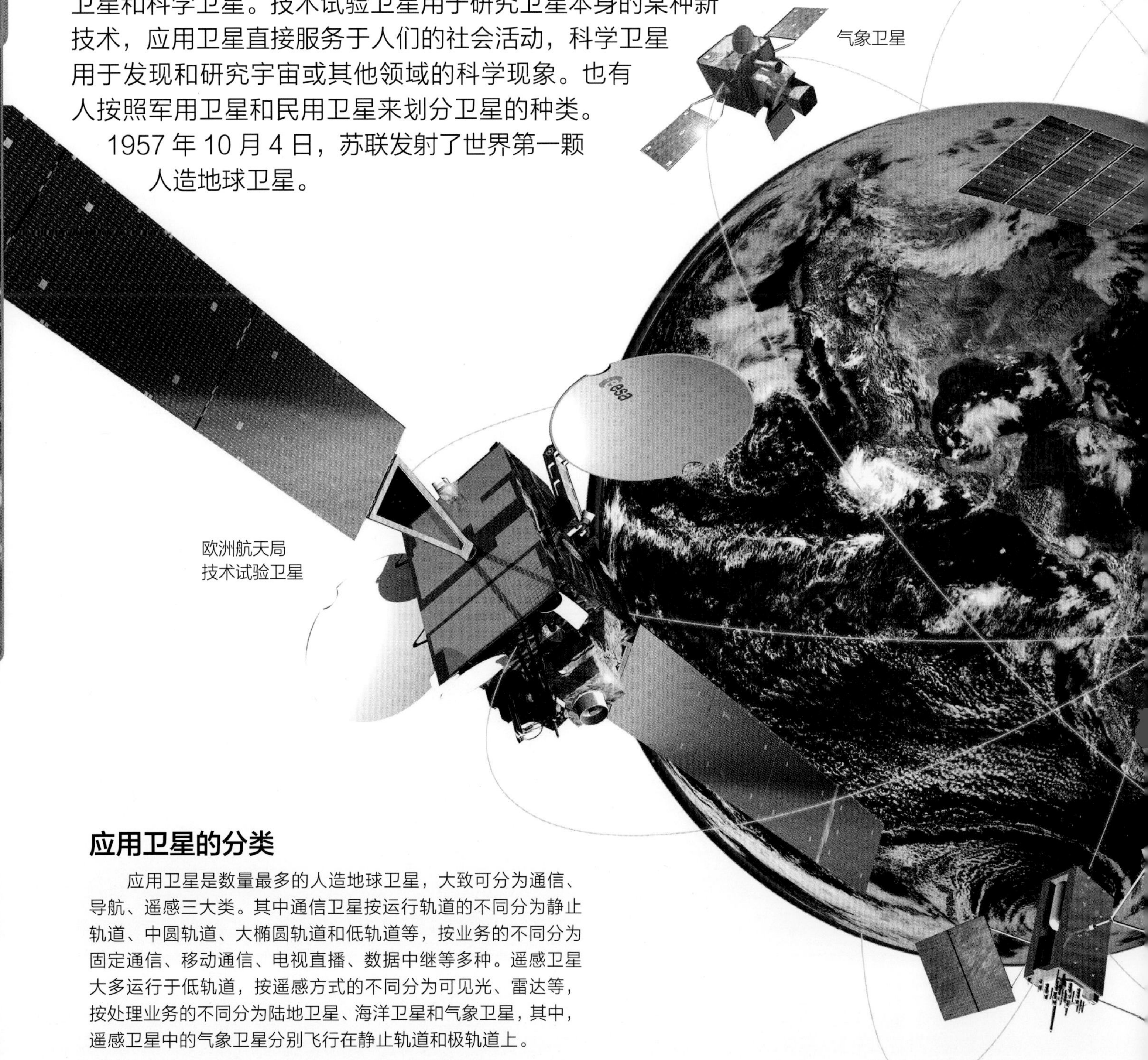

气象卫星

欧洲航天局
技术试验卫星

应用卫星的分类

应用卫星是数量最多的人造地球卫星，大致可分为通信、导航、遥感三大类。其中通信卫星按运行轨道的不同分为静止轨道、中圆轨道、大椭圆轨道和低轨道等，按业务的不同分为固定通信、移动通信、电视直播、数据中继等多种。遥感卫星大多运行于低轨道，按遥感方式的不同分为可见光、雷达等，按处理业务的不同分为陆地卫星、海洋卫星和气象卫星，其中，遥感卫星中的气象卫星分别飞行在静止轨道和极轨道上。

GPS 导航卫星

48

人造地球卫星的基本组成

人造地球卫星主要由公用服务舱（又称卫星平台）和有效载荷两部分组成。公用服务舱里装着供电设备、卫星控制设备、温度控制设备和测控设备等，它们是为有效载荷服务的，还有用来安装有效载荷的结构。很多卫星研制企业设计了公用服务平台，可以用来装载不同的有效载荷。

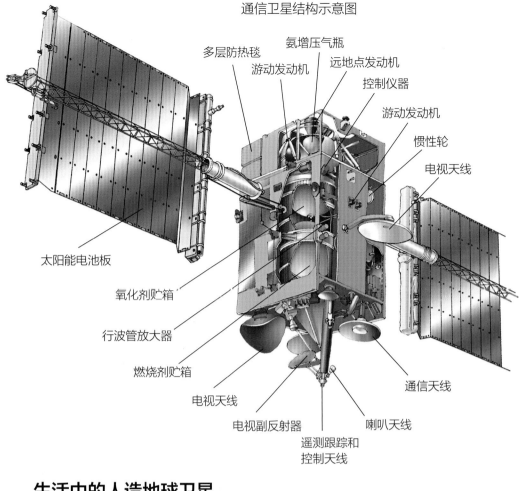

通信卫星结构示意图

多层防热毯
氨增压气瓶
游动发动机
远地点发动机
控制仪器
游动发动机
惯性轮
电视天线
太阳能电池板
氧化剂贮箱
行波管放大器
燃烧剂贮箱
电视天线
电视副反射器
遥测跟踪和控制天线
喇叭天线
通信天线

"伽利略"导航卫星

生活中的人造地球卫星

在生活中，我们接触到的主要是应用卫星。气象卫星给我们提供每天的天气信息和气象预报，如果从卫星上看到一大块云飘过来，我们会知道这意味着多半会有降雨或降雪。导航卫星为我们航空、航海、行车和走路指引方向。对地观测卫星的图像可用来制作各种导航仪、电子地图。通信广播卫星为我们提供来自远方的信息和广播电视节目。我们上网所获得的很多信息，都是卫星传递而来的。

气象卫星云图

小卫星浪潮

随着电子技术的进步，人们已经可以用越来越小的集成电路来实现越来越复杂的使用功能。所以卫星也可以越造越小。从前要用好几吨重的卫星才能实现的功能，如今只需要几百千克甚至更小的卫星就可以实现。于是从 20 世纪 90 年代开始，航天界掀起了小卫星浪潮。如今最为流行的小卫星样式称为"立方体卫星"，就是把几颗卫星集中在一个边长 10 厘米的正方体中，一起发射到太空中去。

"立方体卫星"

人造地球卫星的轨道

卫星轨道是人造地球卫星在太空围绕地球运行时重复的路径，一般呈圆形或椭圆形。在轨道上，卫星同时受到离心力和向心力的作用，这两个方向相反的力相互平衡后，卫星就能稳定地在轨道上工作了。不同用途的卫星所对应的轨道也不相同。卫星的轨道按离地高度的不同可以分为近地轨道、中高轨道、高轨道；按照轨道平面与地球赤道平面的夹角的不同又可分为顺行轨道和逆行轨道。除此以外，还有一些特殊的轨道，如地球静止轨道、太阳同步轨道、极地轨道和赤道轨道等。

2017 年冬季，美国东海岸遭遇了暴风雪。美国的地球静止环境卫星（GOES）监测到暴风行动的路径。这颗卫星是地球静止轨道卫星，可以持续地观测同一位置的天气情况，预防龙卷风、洪水等灾害。

地球静止轨道

在地球静止轨道上运行的卫星运动角速度与地球自转角速度相同，从地面上看过去，卫星在空中的位置不变，因此也可称为"地球静止轨道"。卫星轨道通常与地球赤道面重合，倾角为 0°；轨道偏心率为 0°，即轨道是圆形的。轨道周期为 23 小时 56 分 4 秒，与地球自转周期相同。轨道高度为 35786 千米。通信卫星经常使用这种轨道。

人造地球卫星相撞

众多人造地球卫星在自己的运行轨道上各司其职，很少出现相撞事故。2009 年 2 月 11 日，已报废的俄罗斯宇宙 2251 卫星与美国铱星 33 号卫星相撞，导致铱星 33 号失灵，并产生了数千个太空碎片。时任美国国家航空航天局约翰逊太空中心轨道计划办公室的主任尼古拉斯·约翰逊称，这是首次观察到两个毫不相关的卫星相撞。

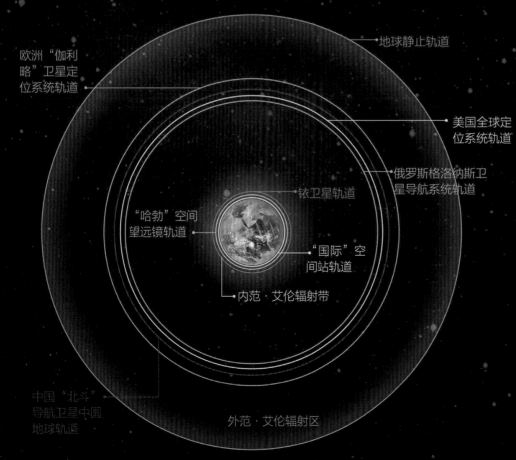

欧洲"伽利略"卫星定位系统轨道

地球静止轨道

美国全球定位系统轨道

俄罗斯格洛纳斯卫星导航系统轨道

铱卫星轨道

"哈勃"空间望远镜轨道

"国际"空间站轨道

内范·艾伦辐射带

中国"北斗"导航卫星中圆地球轨道

外范·艾伦辐射区

人造地球卫星轨道高度比较示意图

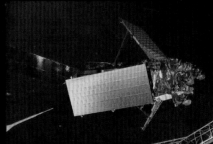

美国发射的铱星 33 号卫星，因 2009 年的相撞事故失灵。

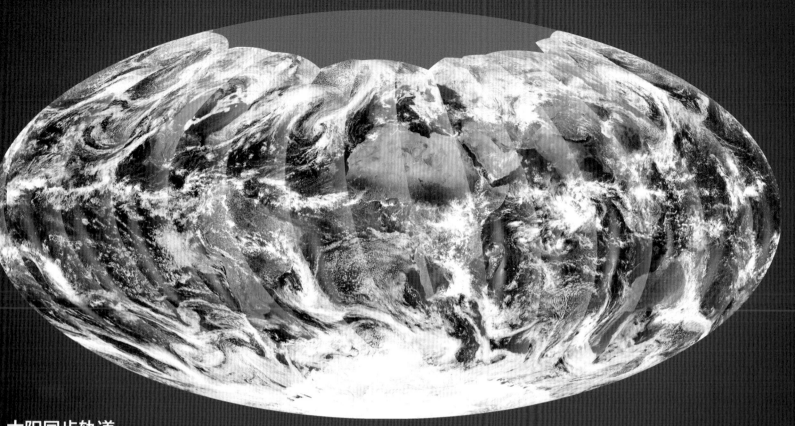

太阳同步轨道

　　太阳同步轨道平面运动绕地球自转轴旋转的角速度，与地球绕太阳公转的角速度相同，轨道平面和太阳始终保持相对固定的取向，从地面上看过去，人造卫星每天沿同一方向上通过同一纬度地面点的地方时相同。从几何角度来描述，地球、人造卫星、太阳在太空中是三点一线的空间关系。轨道高度不定，但一般不超过 6000 千米。在太阳同步轨道上，太阳光的入射光角度基本确定，因此气象卫星、地球资源卫星一般使用这种轨道。

2011 年 11 月 24 日，美国的国家极地轨道运行环境卫星（NPP）搭载的可见光红外成像辐射仪拍摄到一幅地球图像。这颗卫星是太阳同步轨道卫星，始终与太阳和地球保持相同的角度，所以它经过每一个地点拍摄图像时，光线都是相同的。

人造地球卫星轨道示意图

常用的人造地球卫星轨道参数

　　我们通常用轨道高度、倾角和周期来描述一个人造地球卫星的轨道参数。轨道高度是指卫星在太空中绕地球运行时的轨道距离地球表面的高度，一般用近地点高度和远地点高度的平均值来描述。倾角是卫星轨道平面与赤道平面的夹角，用来确定卫星赤道面在太空中的位置。当倾角为 0° 时，卫星轨道与赤道面重合，又称赤道轨道；当倾角为 90° 时，卫星轨道与赤道面垂直，又称极地轨道。周期指卫星在轨道上绕地球运行一周所需要的时间。

卫星导航系统

　　人类为了给航船和飞机等指引方向，在地面上修建了很多灯塔或无线电信号发射塔。但因为地球是圆的，再高的灯塔，超过一定的距离也看不见了。而人造地球卫星高高地飞行在太空中，几十颗卫星就能充分覆盖整个地球。用卫星导航是最先进的导航手段。卫星导航系统由导航卫星、地面台站和用户接收机三部分组成。

　　目前，全球有四大卫星导航系统：美国全球定位系统（GPS）、苏联/俄罗斯全球导航卫星系统（GLONASS）、欧洲航天局"伽利略"（GALILEO）卫星定位系统、中国"北斗"导航卫星系统(BEIDOU)。另外，还有日本"准天顶"系统、印度区域卫星导航系统，它们都是区域性导航卫星，只覆盖国内，还在建设中。

导航卫星

　　导航卫星的飞行轨道非常精确且有规律，在任何时候某颗卫星的轨道都是已知数。卫星不断用无线电波向地面传输导航电文，其内容包括时间、轨道参数等信息。导航接收机同时接收几颗卫星的电文，根据接收时间和电文中时间的差值，再乘以光速，就能分别算出自己到这些卫星的距离，然后凭借球面相交的几何原理，就可以算出自己的位置了。

接收机

　　接收机是卫星导航大系统里掌握在每个用户手里的设备。它主要由天线和集成电路组合、时钟、软件和显示设备构成。天线用来接收卫星发射的无线电信号，集成电路组合一般被称为芯片组，用来把无线电信号还原成导航电文，再根据时钟计算出无线电信号跑了多久，计算出自己的位置。软件则用来把位置显示在电子地图上，有的还负责计算导航线路。

导航卫星的缺点

　　导航卫星虽然很好用，但也有一些难以克服的缺点。比如只有在开阔的、能看见天空的地方，才能收到卫星的导航信息，如果在室内、隧道里、地下停车场或大型立交桥下面，就收不到信号了。甚至在一些两边有高楼大厦的街道上也容易失去信号。另外，导航卫星距地面有 2 万千米左右，卫星信号抵达地面的时候已经非常微弱了，很容易被其他无线电信号干扰。所以，人们正在研究多种办法以解决这些问题。

海上导航

地面导航

原子钟

原子钟是导航卫星的核心设备，是目前人类最精确的时间测量仪器。它利用原子不受温度和压力影响的固定频率振荡的原理制成，导航卫星一般采用铷、铯原子或氢原子制成的原子钟。一颗导航卫星上一般装有三四台原子钟，综合它们的报时数据来编制导航电文。这也可以防止某台原子钟失灵而导致整星报废。

美国全球定位系统

美国全球定位系统就是人们常说的 GPS。它是一种可以在全球范围内实时进行定位、导航的系统，由 GPS 卫星、地面监控系统和用户设备三部分组成。GPS 由美国政府于 20 世纪 50 年代开始研制，到 1991 年试用，1994 年正式建成。GPS 是美国开发的现代化导航星座，最早是为美军服务的，但有一部分功能可以开放给民用，因此很快在全世界流行，成了各种飞机、舰船、车辆以及平板电脑和手机的标准配置。

GPS 卫星

美国全球定位系统示意图

空中导航

地面台站

有效载荷

有效载荷对于运载火箭和航天器来说，有着不同的含义。需要用火箭送入太空的卫星、飞船、空间探测器或空间站部件等物品，就是火箭的有效载荷。而对卫星、空间探测器来说，用来完成任务的光学或电子设备就是有效载荷。对于飞船和空间站来说，航天员本身就是有效载荷，科研设备和材料也算有效载荷。火箭和航天器上的其他所有设备，都是为有效载荷服务的。

火箭的有效载荷

被送入太空的卫星、飞船或空间探测器等航天器，就是火箭的有效载荷。同一种火箭，根据所要进入的轨道的不同，火箭的有效载荷重量也是不一样的。举例来说，中国航天部门用"运载能力"这个词来描述火箭运送有效载荷的能力。如中国"长征二号"C 火箭进入高 200 千米、倾角为 63° 的低轨道运载能力为 3850 千克，而进入高 600 千米太阳同步轨道的运载能力为 1400 千克。

"进步号"货运飞船

载人飞船的有效载荷

飞船的有效载荷是指它携带的人及其在太空工作和生活所需的设备、给养等。目前世界上有两种载人飞船被长期使用，即俄罗斯"联盟号"飞船和中国"神舟"飞船。"联盟号"飞船的主要载荷是人，能够携带 3 名航天员，可以单独自主飞行 3 ~ 30 天。"神舟"飞船的主要载荷也是人，同样可以携带 3 名航天员和 300 千克物品。正在研制的美国"猎户座号"飞船则要大很多。

货运飞船的有效载荷

货运飞船用来给空间站运送氧气、水、食品、衣服等补给品和仪器，这就是它上升段的有效载荷。目前世界上有五种定期飞行的货运飞船。俄罗斯有"进步号"货运飞船，美国有"龙"和"天鹅座"货运飞船，欧洲航天局有"自动转移飞行器"（已退役），日本有"H-2 转移飞行器"，中国有"天舟一号"货运飞船。货运飞船卸货后会装载空间站里的垃圾废物，返回时连同飞船烧毁在大气层里，因此再入段的有效载荷就是垃圾。现在只有"龙"货运飞船能够带着一些科学仪器和样品返回地球。

2011 年 7 月 15 日，登上"国际"空间站的"亚特兰蒂斯号"航天员与空间站航天员会合。

遥感卫星上的数码相机

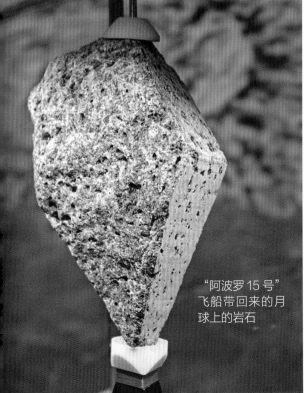

"阿波罗15号"飞船带回来的月球上的岩石

应用卫星的有效载荷

应用卫星的有效载荷种类很多，有的用来中转无线电信号，有的用来发送时间和位置信息，有的用来观察地面上的情况并把采集到的数据收集起来。一般通信卫星的有效载荷主要有天线和转发器。导航卫星的有效载荷主要有几台极其精确的原子钟。遥感卫星的有效载荷主要有相机、合成孔径雷达等。返回式遥感卫星的主要任务是用相机拍摄地面目标，将胶卷送回地面，它的有效载荷就是相机和胶卷，它还可以搭载科研样品。中国的返回式卫星还有一种特殊的有效载荷，就是在太空中诱变的植物种子。科学探测卫星的有效载荷要根据不同的任务分别进行设计。

特殊的有效载荷

美国"阿波罗"登月飞船，从月球上带回了381.7千克月壤和月岩。苏联发射的无人探测器登月，也带回了0.3千克月壤和月岩。日本曾经发射小行星采样返回探测器，从一颗小行星上取回了一些尘埃。这些飞船和探测器带回地面的地外样品，是特殊的有效载荷。

航天飞机

载人飞船每发射一次，都需要制造一枚运载火箭，而且两者都只能一次性使用。20世纪70年代，为了降低成本，美国开始研制一种可以部分重复利用的空间运输系统，这就是航天飞机。航天飞机是一种兼具载人航天器和运载器功能的航天系统，它由助推器、外贮箱和轨道器三部分组成。航天飞机发射时，两个助推火箭和轨道器的3个主发动机一起工作，返回时轨道器能像飞机一样着陆，其核心部件——轨道器可重复使用。1981年4月，世界第一架航天飞机"哥伦比亚号"首飞成功，为航天飞机时代揭开帷幕。2011年7月，"亚特兰蒂斯号"完成最后一次飞行，为航天飞机时代画上了休止符。

航天飞机本领大

航天飞机可以把人和货物运输到空间站，可以把人造卫星送入太空中的轨道，也可以把航天员送到太空，让航天员通过太空行走，把太空中失效、毁坏的航天器修好，使其再次投入使用。航天飞机还能在太空轨道中长时间运行，因此也是进行太空科学实验和空间研究工作的绝佳场所。在航天飞机的帮助下，人类完成了大量微重力实验研究，以及一系列对太阳、地球的观测活动。"国际"空间站的主要构件也是依靠航天飞机送上太空的。

"奋进号"航天飞机执行任务时，航天员对"哈勃"空间望远镜进行了设备升级。

航天飞机除了被用作运载工具或短期空间实验平台外，还具有重要的军事用途。

航天史上的悲怆时刻

在航天飞机 30 年的发展史中，曾发生过两次震惊世界的事故。1986 年 1 月 28 日，由于助推器上密封圈失效，燃料泄漏，导致"挑战者号"起飞 73 秒后在空中爆炸，机上 7 名航天员全部遇难。2003 年 2 月 1 日，因为隔热系统受损，"哥伦比亚号"在返航着陆前 16 分钟解体，机上 7 名航天员无一生还。由于潜在的安全隐患和过高的经济成本等原因，2011 年，航天飞机全部"退役"。

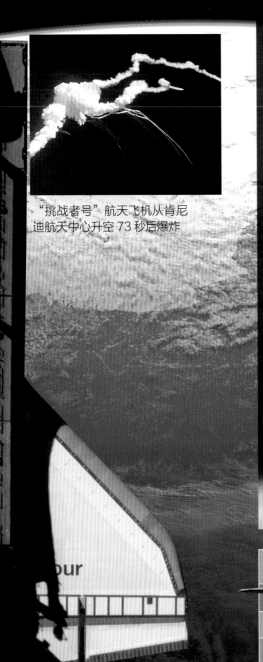

"挑战者号"航天飞机从肯尼迪航天中心升空 73 秒后爆炸

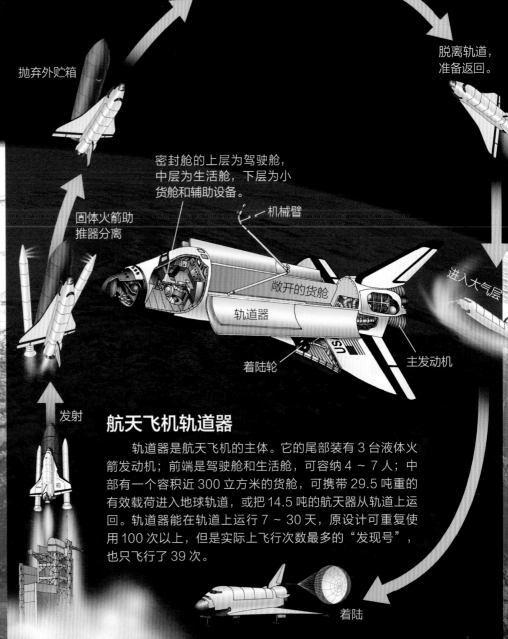

在飞行轨道上施放或回收卫星，进行科学实验。

脱离轨道，准备返回。

抛弃外贮箱

密封舱的上层为驾驶舱，中层为生活舱，下层为小货舱和辅助设备。

机械臂

固体火箭助推器分离

进入大气层

敞开的货舱

轨道器

着陆轮

主发动机

发射

着陆

航天飞机轨道器

轨道器是航天飞机的主体。它的尾部装有 3 台液体火箭发动机；前端是驾驶舱和生活舱，可容纳 4 ~ 7 人；中部有一个容积近 300 立方米的货舱，可携带 29.5 吨重的有效载荷进入地球轨道，或把 14.5 吨的航天器从轨道上运回。轨道器能在轨道上运行 7 ~ 30 天，原设计可重复使用 100 次以上，但是实际上飞行次数最多的"发现号"，也只飞行了 39 次。

人类发射的部分航天飞机					
	诞生地	首次发射	执行任务次数	总飞行时长	共搭载航天员
"哥伦比亚号"	美国	1981 年 4 月	28 次	300.74 天	160 人次
"挑战者号"	美国	1983 年 4 月	10 次	62.33 天	60 人次
"发现者号"	美国	1984 年 8 月	39 次	365 天	252 人次
"亚特兰蒂斯号"	美国	1985 年 10 月	33 次	307 天	195 人次
"奋进号"	美国	1998 年 12 月	25 次	296 天	154 人次
"暴风雪号"	苏联	1988 年 11 月	1 次	3 小时	无人驾驶

载人飞船

载人飞船是保障航天员在外层空间生活和工作，以执行航天任务并返回地面的航天器。它可以独立进行航天活动，也可作为往返于地面和空间站之间的"渡船"，还能与空间站或其他航天器对接后进行联合飞行。载人飞船分为环绕地球飞行的卫星式载人飞船、登月式载人飞船和行星际式载人飞船。

航天员尤里·加加林纪念邮票

"东方号"载人飞船

"东方号"载人飞船

人类历史上第一艘载人飞船是苏联的"东方号"，它在1961年4月12日带着世界上第一位航天员尤里·加加林在太空中飞行了108分钟。"东方号"看上去是一个圆筒顶着一个圆球。圆球就是用来载人的返回舱，又称座舱；圆筒称为服务舱或推进舱。"东方号"不仅实现了人类的第一次太空飞行，也确立了载人飞船的基本设计理念。

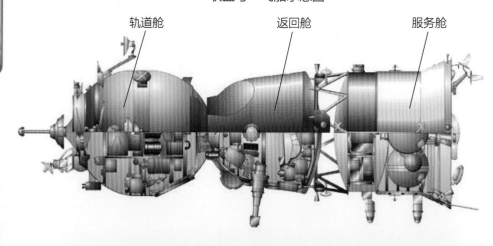

"联盟号"飞船示意图

轨道舱　　　返回舱　　　服务舱

载人飞船的基本组成

最早的载人飞船由两个部分组成，一个是提供动力和电力的推进舱，另一个是给航天员提供生存条件的载人舱。载人舱要带着航天员返回地球，因此又称返回舱或座舱。后来为了执行更多的任务，在返回舱前面增加了一个轨道舱，里面放置一些科学实验的设备和供航天员休息、工作的设施。

俄罗斯"联盟TMA号"飞船

最长寿的飞船

"联盟号"飞船是苏联继"东方号""上升号"之后的第三代飞船。它能在轨道上交会对接，为空间站接送航天员，还可与空间站对接成组合体，成为空间站的一个组件，与之联合飞行，在太空从事对地观测、天文观测、材料焊接、工艺装配、地球资源勘测和生物医学实验等科学活动。如遇对接的空间站出现危及航天员生命的严重故障或航天员患病等紧急情况，它可作为救生船将航天员撤离出险境。"联盟号"从1962年开始研制，1967年投入使用，并逐步改进，先后发展了"联盟号""联盟T号""联盟TM号""联盟TMA号""联盟TMA-M号""联盟MS号"6种型号。美国航天飞机退役后，它成为通往"国际"空间站唯一的交通工具。

"猎户座号"载人飞船

　　"猎户座号"飞船是美国在21世纪为"星座计划"研发的新一代载人飞船，能载4~6名航天员。飞船由乘员舱、服务舱、适配器和发射逃逸系统四部分组成。乘员舱呈圆锥形，服务舱呈圆筒形。飞船净重14吨，推进剂重量9.35吨，着陆质量7.4吨。乘员舱最大直径5米，可供航天员使用的容积为11立方米。"猎户座号"飞船的发展分为两个阶段：第一阶段向"国际"空间站运送航天员和货物，兼作"救生艇"；第二阶段提高在星际空间的飞行能力，将航天员送上火星、小行星等天体飞行。2014年12月，"猎户座号"飞船在地球轨道上进行了一次接近完美的无人测试飞行。

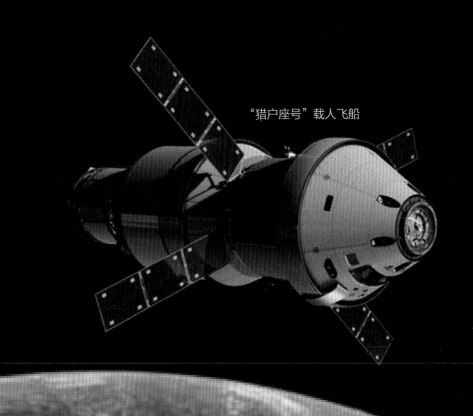

"猎户座号"载人飞船

　　1969年7月，航天员柯林斯执行"阿波罗11号"任务时，戴着新研制的太阳镜。

飞船技术改变生活

方便面中的脱水蔬菜包	这是一道你一定见过的"太空菜"。它最早就是用来提供给航天员的太空食物，因为它不需要冷藏就能保存很久。
太阳镜	太阳镜最早是为了保护航天员的眼睛，使之在太空中不被宇宙中的强烈阳光伤害而发明的。
记忆枕头	记忆枕头所使用的慢回弹的太空棉，原本是为缓解航天员身上的压力而研制的。
手机高清摄像头	如今手机上的高清摄像头，很多用的都是CMOS感光元件。这种感光元件最早被用在空间望远镜上，现在"苹果"手机里也采用了这种元件。
碳纤维自行车、碳纤维球拍	为火箭、卫星"减重"是科学家的重要任务之一，为此科学家研制出了又轻又坚韧的碳纤维材料。
无线耳机	20世纪60年代，美国在执行"水星计划"时发现了通信工具的缺陷，为此发明了无线耳机。
气垫式运动鞋	"阿波罗计划"中，科学家们为制造一种厚度均匀、承压能力强的航天服内胆，发明了中空吹塑成型技术。后来，这种技术被用在鞋垫上，制成了各种气垫式运动鞋。
心脏泵	20世纪70年代，一种用于航天飞机的高性能涡轮泵被发明。后来，医学家利用相似的技术，制造了功能强大、性能可靠、体积袖珍的心脏泵，拯救了许多心脏病患者。

"水星号"载人飞船

　　"水星号"载人飞船是美国的第一种载人飞船。它采用圆锥形的设计，降落伞装在圆锥顶部的一根粗管子里。"水星号"和"东方号"一样，只能载一名航天员，舱内空间相当狭窄。"水星号"第一次载人飞行是在1961年5月5日，不过这次飞行并没有环绕地球，而是冲到186千米的高空就返回了。这次飞行被称为亚轨道飞行。

"水星号"载人飞船

空间站

宇宙飞船和航天飞机通常只能在太空中停留一周左右，时间非常有限。为了进行更多的科学实验，人们建造了在太空中长期停留的"小家"——空间站。空间站是可以供多名航天员巡访、长期工作和居住的载人航天器。它提供了地球上难以复制的失重环境，还能在太空停留足够长的时间，是在近地空间全面观测和研究地球的绝佳场所，也是进行太空实验、生产太空产品、开展太空观测和侦察、在太空储备物质的人造基地，堪称人类开发太阳系的"前哨站"。

"礼炮号"系列空间站

"礼炮号"系列空间站指的是苏联从1971年~1983年发射的7个空间站，其中最著名的当数1971年4月发射的世界第一个空间站——"礼炮1号"。"礼炮"1~5号是第一代"礼炮号"空间站，主要任务是完成空间站本身的一系列技术试验，以及人在太空中长期驻留的试验。"礼炮"6~7号则是第二代"礼炮号"空间站，主要完成了天体物理学、航天医学、生物学等方面的实验，并对地球自然资源进行了考察。由于技术限制，"礼炮号"系列空间站都只有一个舱体。

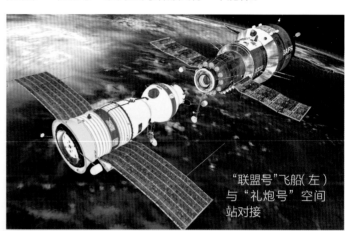

"联盟号"飞船（左）与"礼炮号"空间站对接

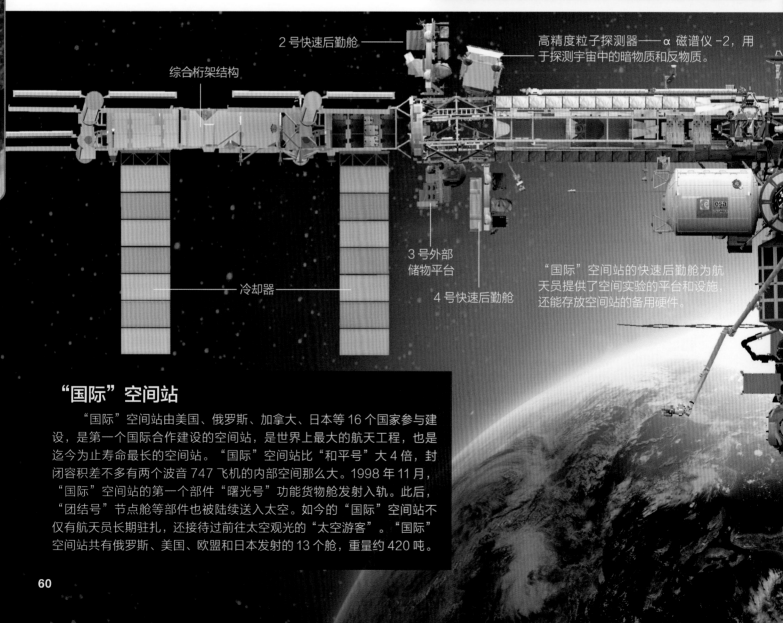

2号快速后勤舱

综合桁架结构

高精度粒子探测器——α磁谱仪-2，用于探测宇宙中的暗物质和反物质。

冷却器

3号外部储物平台

4号快速后勤舱

"国际"空间站的快速后勤舱为航天员提供了空间实验的平台和设施，还能存放空间站的备用硬件。

"国际"空间站

"国际"空间站由美国、俄罗斯、加拿大、日本等16个国家参与建设，是第一个国际合作建设的空间站，是世界上最大的航天工程，也是迄今为止寿命最长的空间站。"国际"空间站比"和平号"大4倍，封闭容积差不多有两个波音747飞机的内部空间那么大。1998年11月，"国际"空间站的第一个部件"曙光号"功能货物舱发射入轨。此后，"团结号"节点舱等部件也被陆续送入太空。如今的"国际"空间站不仅有航天员长期驻扎，还接待过前往太空观光的"太空游客"。"国际"空间站共有俄罗斯、美国、欧盟和日本发射的13个舱，重量约420吨。

"和平号"空间站

　　"和平号"空间站是世界第一个多舱体对接组合的空间站，也是世界第一个能供人类长期居住的空间站。它由核心舱和5个实验舱组成，整体形状像一束绽开的花，结构比"礼炮号"复杂很多。1986年，"和平号"的核心舱最早被发射进太空；随后，5个实验舱陆续被发射到太空，像搭积木一样与核心舱对接，构成完整的空间站。"和平号"曾接待过12个国家的航天员，进行过100多项实验，俄罗斯航天员波利亚科夫还创造了连续驻留438天的世界纪录。2001年，"和平号"超期服役后，坠入地球大气层被烧毁。

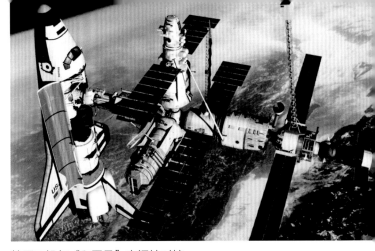

航天飞机与"和平号"空间站对接

人类迄今发射的空间站					
	数量	建造者	结构	最早发射时间	可搭载人数
"礼炮号"空间站	"礼炮"1～7号共7座	苏联	单舱	1971年4月	3人（"礼炮"6号和7号）
"天空"实验室	1座	美国	单舱	1973年5月	3人
"和平号"空间站	1座	苏联/俄罗斯	多舱组合	1986年2月	3人
"国际"空间站	1座	美国、俄罗斯、加拿大、日本等16个国家	多舱组合	1998年11月	6人

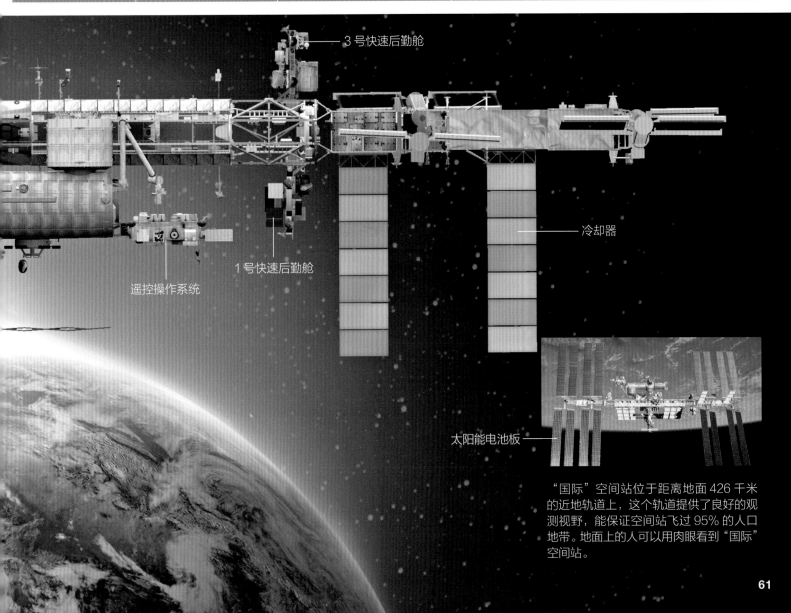

3号快速后勤舱

冷却器

1号快速后勤舱

遥控操作系统

太阳能电池板

　　"国际"空间站位于距离地面426千米的近地轨道上，这个轨道提供了良好的观测视野，能保证空间站飞过95%的人口地带。地面上的人可以用肉眼看到"国际"空间站。

深空探测

深空探测是指空间探测器在不以地球为主要引力场的空间运行并进行的探测活动，从1958年美国和苏联启动探月计划开始，世界发达国家和航天技术大国先后开展了多种类型的深空探测，如月球探测、行星及其卫星探测、矮行星和小行星探测、彗星探测等太阳系各层次天体及行星际空间的探测。火箭先驱齐奥尔科夫斯基曾经说："地球是人类的摇篮，但人类不能总是生活在摇篮里。"就像人类曾经遥望大海和天空，最终发明了航船与飞机一样，人类也终将走出地球，进入深邃的太阳系空间。

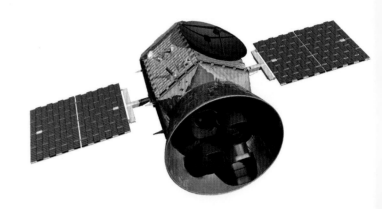

2018年4月16日，凌日系外行星勘测卫星（TESS）发射升空。它的主要任务是对太阳系附近最明亮的恒星展开调查，预计将在2年的任务期内扫描20万颗恒星，以搜寻更多太阳系以外的行星及"第二个地球"。

"好奇号"是世界上第一辆采用核动力驱动的火星车，其使命是探寻火星上的生命元素。

深空探测的方式

深空探测一般包括飞越、硬着陆、环绕、软着陆、无人采样返回、载人探测等形式。进入航天时代以后，人类最初对月球、行星及卫星等采用飞掠探测，后来发射了可环绕月球、行星及卫星运行的环绕器，环绕器搭载各种仪器对天体开展探测。再后来可以将着陆器和巡视器直接降落在天体表面，从而对局部区域开展着陆和巡视探测。最终，实现天体表面无人或航天员采样，将样品采集返回地球的探测方式。近年来出现了一个新趋势，即对同一探测对象采取多种探测形式交替进行的方式，在一次任务中多种探测手段组合实现综合探测。

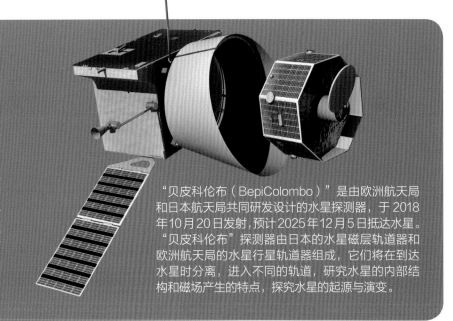

"贝皮科伦布（BepiColombo）"是由欧洲航天局和日本航天局共同研发设计的水星探测器，于2018年10月20日发射，预计2025年12月5日抵达水星。"贝皮科伦布"探测器由日本的水星磁层轨道器和欧洲航天局的水星行星轨道器组成，它们将在到达水星时分离，进入不同的轨道，研究水星的内部结构和磁场产生的特点，探究水星的起源与演变。

深空测控网

深空测控网是专门用来给深空探测活动提供通信和测控服务的，如果没有深空测控网，探测器采集的数据、拍摄的照片就无法发送回来供人们观看和研究。深空测控网有专用的无线电频率、大功率的收发天线和特殊的信息处理系统。美国、俄罗斯等国都在全球布网，对航天器等进行全时段测控。美国的深空测控网是一个支持星际任务、无线电通信及利用射电天文学观察探测太阳系和宇宙的国际天线网络，是全球技术最先进、规模最大的深空测控网，在美国本土、西班牙、澳大利亚都有深空站。俄罗斯深空测控网由3个地面站、2个指控中心和2个弹道中心组成。日本有臼田和鹿儿岛两个深空站。中国正在建设、完善自己的深空测控网，并在阿根廷等国建立了海外深空测控站。

位于美国加州戈德斯通的深空测控网内，直径60米以上的天线可以与"旅行者号"等深空探测器进行联络。

深空探测技术难点

深空探测的难点首先是导航与控制，要让探测器在漫长的旅途中不会迷失方向，不会偏离目标太远。实际上，哪怕是送一个探测器前往火星，难度也不亚于从几千千米外打中一只蚊子。另一个难点就是与地球的通信，探测器飞行越远，无线电信号就越微弱，往往会被行星际空间的背景杂波掩盖。因此，人们在地球上建立起了庞大的天线阵来和深空探测器进行通信。另外，探测器飞行在遥远的地方，人类几乎没有办法干预，因此它必须有极高的自主运行能力和可靠性。

奇思怪问　为什么要探索深空？

深空探测的主要目标是各种地外天体，包括太阳系里的各大行星及其卫星、矮行星、小行星和彗星。深空探索首先是对未知世界和未知领域的探索，可极大地满足人类的好奇心和探索欲，获得大量新的科学发现，扩充人类的视野和知识疆界；其次，人类在地外天体上寻找资源，预防来自太阳系和宇宙的灾难，这将有力地促进科学探索和技术创新，造福后代。在深空探索中，月球是人类向深空进军的必经之地和重要中转站，而火星是人类面临重大灾难时最有可能移居的避险地。

太阳探测

太阳的变化深刻地影响着地球上的生命，太阳光度的长期变化导致地球上的冰期，太阳活动 11 年周期所产生的剧烈爆发严重影响近地空间环境。由于地球大气的吸收，电磁波中只有很窄的波段可以穿透地球大气。为了认识太阳，我们可以在地面上进行光学、近红外和部分射电波段的观测。但对无法穿透大气层的 γ 射线、X 射线、紫外和远红外等重要波段的观测，我们必须到几十至几百千米的高度以上，利用高空气球、人造卫星、空间探测器等对太阳进行探测。20 世纪 60 年代以来，世界各国共发射与太阳观测直接有关的卫星 60 余颗，太阳空间探测的结果加深了我们对太阳的认识。

探测器上搭载的极端紫外线成像望远镜拍摄了这幅日珥图像

太阳和日球层观测台是欧洲航天局和美国国家航空航天局共同研制的太阳探测器，于 1995 年发射升空。

太阳和日球层观测台（SOHO）

太阳和日球层观测台是一颗研究从太阳内部深处到太阳风的综合性探测卫星。这个探测器在围绕日地拉格朗日 L1 点的晕轨道上绕着太阳公转，L1 点位于太阳和地球之间，此处有较强大的太阳引力和较微弱的地球引力相平衡，有相同的向心力，使得在 L1 点的物体有着与地球相同的轨道周期。这个探测器已在轨运行 16 年以上，它携带有日冕诊断谱仪等 12 台载荷，对人类认识太阳内部结构、太阳大气层的物理性质、磁场和日冕之间的关系、日冕物质抛射过程提供了帮助。太阳和日球层观测台在轨期间发现了 2000 余颗彗星，向地面传回了大量珍贵的研究图片。

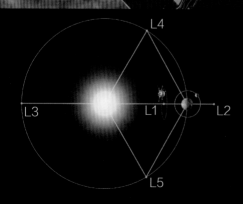

太阳和日球层观测台轨道示意图

"帕克"太阳探测器携带了4组仪器，可测量电场、磁场，探测太阳风的成分，并拍摄日冕图景。

"帕克"太阳探测器

　　"帕克"太阳探测器是以研究太阳风的先驱、天文学家尤金·帕克的名字命名的航天器，是美国国家航空航天局第一次以健在人物命名的航天器。2018年8月12日，美国成功发射"帕克"太阳探测器。11月1日~11日，"帕克"太阳探测器完成首次飞掠太阳的任务，近日点距离太阳表面约2480万千米。几周之后，它将探测数据传回地球。"帕克"太阳探测器是未来第一个飞入太阳日冕的飞行器，它将到达位于太阳表面上方3个太阳半径之处，这意味着"帕克"太阳探测器将直面前所未有的高温，并经受辐射的考验。

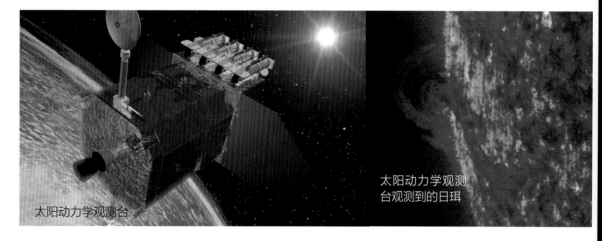

太阳动力学观测台

太阳动力学观测台观测到的日珥

太阳动力学观测台（SDO）

　　太阳动力学观测台（SDO）是美国于2010年2月发射的太阳探测器，被誉为观察太阳的"慧眼"。这个探测器运行在36000千米的地球同步轨道上，设计寿命为5年。它搭载了日震和磁场成像器、大气成像仪、极紫外测变实验仪三部研究太阳的仪器，能够不间断地对太阳进行观测，所拍照片的清晰度是一台高清电视的10倍。太阳是我们最常见的星体，但人类还从来没有如此细致地看到过太阳表面的活动。通过太阳动力学观测台，我们能够清晰地观测到日冕物质抛射、耀斑等太阳活动。

月球探测

　　月球是人类飞离地球"摇篮"的门槛，是人类迈向深空探测的第一步。1958 年~ 1976 年，苏联和美国两个超级大国一共实施了 108 次月球探测，掀起第一次月球探测的高潮，其中失败 58 次，成功实施 50 次。第一次探月高潮实现了飞越、环月、着陆器或月球车落月探测、无人与载人登月取样返回。1969 年~ 1972 年，美国成功实现了 6 次载人登月，12 名航天员登陆月球。1990 年至今，美国、欧洲、日本、中国和印度相继发射 15 次月球探测器，迎来了第二次月球探测高潮。中国成功实施了"嫦娥一号"与"嫦娥二号"绕月探测、"嫦娥三号"与"嫦娥四号"着陆器和巡视器落月联合探测。

"徘徊者号"探测器

"月球 16 号"探测器于 1970 年 9 月在月面的丰富海软着陆，钻采并带回 120 克月表土壤和岩石碎块样品。苏联对月球的无人探测成果，使人们对月球的认识更加丰富。

美国月球探测

　　美国曾发射"徘徊者号""勘测者号"等一系列探测器。1958 年~ 1965 年，美国先后向月球发射了 16 个"徘徊者号""先驱者号"探测器，其中有 5 个取得成功或部分成功。1966 年~ 1968 年，美国发射了 7 个"勘测者号"探测器和 5 个"月球轨道飞行器"，对月面进行探测，选出 10 个可供"阿波罗号"飞船着陆的候选登月点。1969 年 7 月，"阿波罗 11 号"成功降落在月球静海，相继实现了 6 次载人登月。总之，1958 年~ 1973 年间，美国共发射了"先驱者号""徘徊者号"和"阿波罗号"等 47 个月球探测器，其中 28 个探测器取得成功。

苏联月球探测

　　1958 年~ 1976 年，苏联发射了"月球号""探测器号"等 61 个探测器，其中 22 个探测器取得成功或部分成功，成功率 36%。"月球 1 号"是人类第一个抵达近月空间的探测器。"月球 2 号"于 1959 年 9 月撞击月球表面，是第一个在月球表面硬着陆的月球探测器。"月球 3 号"于 1959 年 10 月飞过月球背面，是第一个拍到月球背面并发回图像资料的月球探测器。"月球 9 号"于 1966 年 1 月降落月球，是第一个在月球表面软着陆的探测器。"月球 10 号"于 1966 年 4 月进入环绕月球的轨道，成为第一颗人造月球卫星。"月球 17 号"是载着第一辆自动月球车软着陆月面的探测器，"月球车 1 号"在月球上行程为 10540 米，拍摄了约 200 幅月球全景照片。"月球 20 号"、"月球 24 号"分别于 1972 年 2 月和 1976 年 8 月软着陆月面丰富海，分别钻采并带回 50 克月表土壤和 130 克岩石碎块样品。苏联还曾发射"探测器号"系列，其主要任务是为实现载人登月而验证返回技术，但由于火箭连续失败没有实现载人登月。

"阿波罗 12 号"的航天员登月后检查"勘测者 3 号"的摄像机

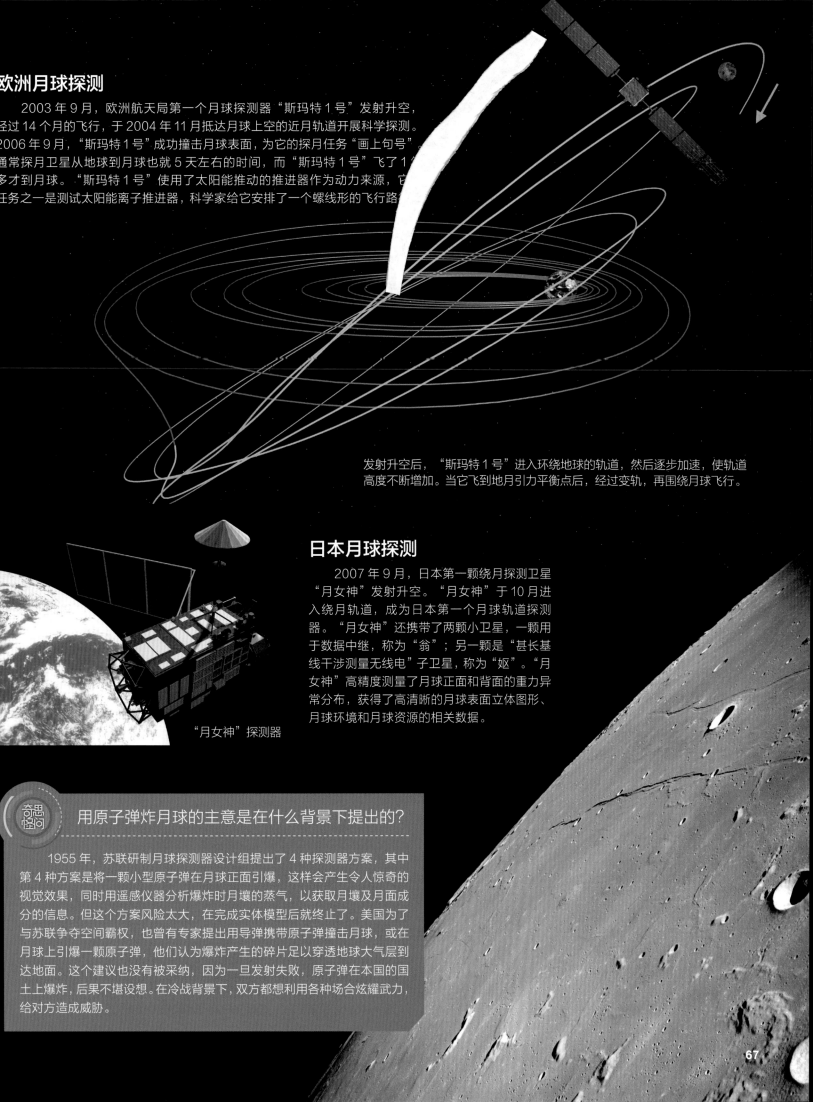

欧洲月球探测

　　2003 年 9 月，欧洲航天局第一个月球探测器"斯玛特 1 号"发射升空，经过 14 个月的飞行，于 2004 年 11 月抵达月球上空的近月轨道开展科学探测。2006 年 9 月，"斯玛特 1 号"成功撞击月球表面，为它的探月任务"画上句号"。通常探月卫星从地球到月球也就 5 天左右的时间，而"斯玛特 1 号"飞了 1 年多才到月球。"斯玛特 1 号"使用了太阳能推动的推进器作为动力来源，它任务之一是测试太阳能离子推进器，科学家给它安排了一个螺线形的飞行路

　　发射升空后，"斯玛特 1 号"进入环绕地球的轨道，然后逐步加速，使轨道高度不断增加。当它飞到地月引力平衡点后，经过变轨，再围绕月球飞行。

日本月球探测

　　2007 年 9 月，日本第一颗绕月探测卫星"月女神"发射升空。"月女神"于 10 月进入绕月轨道，成为日本第一个月球轨道探测器。"月女神"还携带了两颗小卫星，一颗用于数据中继，称为"翁"；另一颗是"甚长基线干涉测量无线电"子卫星，称为"妪"。"月女神"高精度测量了月球正面和背面的重力异常分布，获得了高清晰的月球表面立体图形、月球环境和月球资源的相关数据。

"月女神"探测器

奇思怪问　用原子弹炸月球的主意是在什么背景下提出的？

　　1955 年，苏联研制月球探测器设计组提出了 4 种探测器方案，其中第 4 种方案是将一颗小型原子弹在月球正面引爆，这样会产生令人惊奇的视觉效果，同时用遥感仪器分析爆炸时月壤的蒸气，以获取月壤及月面成分的信息。但这个方案风险太大，在完成实体模型后就终止了。美国为了与苏联争夺空间霸权，也曾有专家提出用导弹携带原子弹撞击月球，或在月球上引爆一颗原子弹，他们认为爆炸产生的碎片足以穿透地球大气层到达地面。这个建议也没有被采纳，因为一旦发射失败，原子弹在本国的国土上爆炸，后果不堪设想。在冷战背景下，双方都想利用各种场合炫耀武力，给对方造成威胁。

"阿波罗"载人登月

"阿波罗"计划是美国在20世纪60年代实施的载人月球探测工程，这项计划始于1961年5月，至1972年12月第6次登月成功结束，历时11年多，耗资255亿美元，总共发射了17艘飞船，共有12位航天员踏上月球进行了月面行走和对月球的实地考察，为载人行星飞行和探测进行了技术准备。它是世界航天史上具有划时代意义的一项成就。

第一位登上月球的航天员阿姆斯特朗在踏上月面时所说的一句话，成为传世经典。他说："这是我个人的一小步，但却是人类的一大步。"

"阿波罗号"飞船登月

第一艘成功登月的是"阿波罗11号"飞船，它在1969年7月20日着陆月球，执行科考任务后，于7月24日返回地球。此后，有5艘"阿波罗"飞船在几年内相继登月着陆月球，其中"阿波罗15号"第一次使用了月球车。"阿波罗13号"在发射后两天，遭遇了服务舱氧气罐爆炸的事故，不但呼吸用的氧气损失了很多，飞船的电力供应也出了问题。3名航天员紧急转移到登月舱里，用登月舱上升级里有限的氧气和电力维持生存，最后设法返回了地球。这次飞行被称为"最成功的失败"。

72 中国探月工程
84 月球表面

"阿波罗号"飞船的结构

　　"阿波罗号"飞船由登月舱、服务舱和指令舱三个舱段构成。登月舱是实际着陆月球的部分。服务舱和指令舱负责把登月舱送到月球附近，然后接回登月舱的上升级，把它送回地球。服务舱里装着太空机动用的火箭发动机。指令舱则是太空飞行期间航天员居住、工作的场所，登月期间有一名航天员在此留守。

发射逃逸系统

　　"阿波罗"计划使人类第一次登上地外星球，展示了人类星际航行的可能性，激起了全世界的航天热情。"阿波罗"载人登月计划取得了巨大的成功，引领了 20 世纪 60 ~ 70 年代几乎全部高新技术的创新与发展和一大批新型工业群体的诞生与成长。"阿波罗"计划派生出了大约 3000 种应用技术成果，包括航天航空、军事、通信、材料、医疗卫生、计算机、其他民用科技等诸多领域。据测算，"阿波罗"计划的投入产出比为 1 ：14。"阿波罗"计划是一项推动科技进步并取得巨大政治、经济效益的计划。

指令舱

服务舱

发动机

登月舱

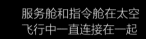
服务舱和指令舱在太空飞行中一直连接在一起

登月舱

　　登月舱分为上升级和下降级。上升级里装着航天员座舱、通信指挥设备、存放月壤和月岩样品的容器，还有用于离开月球的火箭等。由于火箭推力有限，为了把尽可能多的样品带回地球，里面连座位都没有，两名航天员只能站着。下降级里也有火箭发动机，还有姿态控制设备和支腿，负责带着上升级降落到月球上。

指令舱

　　"阿波罗号"飞船实际回到地球的只有指令舱。登月舱上升级起飞后，在绕月球飞行的轨道上再次与指令舱对接。两名登月航天员带着样品回到指令舱，然后服务舱推动着指令舱和服务舱组合体飞回地球轨道。当再入大气层时，指令舱和服务舱分离，降落伞带着指令舱回到地球，降落在海洋里。

航天员踏上月球的脚印

月球车

"阿波罗号"飞船带回的月岩

行星及其卫星探测

　　人类对行星及其卫星的认识最早依赖天文望远镜的观测，伽利略用自制的望远镜观测月球表面，又用望远镜发现了木星的 4 个卫星。海王星和冥王星是天文学家通过数学预测发现的行星。从 20 世纪 60 年代起，随着航天技术的发展，人类将航天器从地球轨道发射，实现对行星及其卫星的环绕遥感探测、就位探测和取样返回，从行星及其卫星等天体的物质组成、内部结构、地形地貌特征，来认识这些天体的形成历史、地质演化等，解答太阳系的形成、生命的起源等基础科学问题。金星探测取得了行星探测史上的多个第一次，例如"水手 2 号"是第一个成功接近其他行星的探测器，"金星 7 号"是第一个完成着陆其他行星的探测器。

"卡西尼号"探测器携带的视觉和红外成像光谱仪采集了 13 年数据，得出土卫六图像。

"卡西尼 - 惠更斯"单向行程 35 亿千米，是人类迄今为止发射的规模最大、复杂程度最高的行星探测器。

"卡西尼 - 惠更斯"探测器

　　1997 年 10 月 15 日，"卡西尼 - 惠更斯"探测器从美国发射升空，开始了漫长的宇宙飞行。这是美国国家航空航天局、欧洲航天局和意大利航天局的合作项目，有 17 个国家参与制造了这个探测器。"卡西尼 - 惠更斯"探测器于 1998 年 4 月和 1999 年 6 月两次掠过金星，又先后掠过地球和小行星带中的小行星 2685，2000 年 12 月掠过木星，2004 年 6 月掠过土卫九，2004 年 7 月进入环绕土星轨道，2004 年 7 月第一次掠过土卫六。2004 年 12 月，"惠更斯号"与"卡西尼号"分离，"惠更斯号"探测器在土卫六着陆。2005 年 ~ 2008 年，"卡西尼号"探测器环绕土星运行，近距离观测土星全貌，对土星及其众多的卫星进行探测。2017 年 9 月，"卡西尼号"坠入土星大气层中销毁。

"金星号"系列探测器

从 20 世纪 60 年代开始,苏联发射了"金星号"系列探测器,尝试揭开金星的神秘"面纱"。1970 年 8 月,苏联发射了"金星 7 号"探测器,12 月探测器在金星软着陆,这是第一个着陆金星表面并传回科学数据的金星探测器,也是首个成功着陆其他行星的探测器。着陆器重约 500 千克,测得金星表面温度为 447℃,气压为 90 个地球大气压,大气密度为地球的 100 多倍。1975 年 6 月,苏联发射了"金星 9 号"和"金星 10 号",4 个月后两个探测器分别进入不同的金星轨道,成为环绕金星飞行的人造卫星;同时,着陆器完成软着陆,获得并发回金星全景照片,首次向人类展示了金星表面的图像。

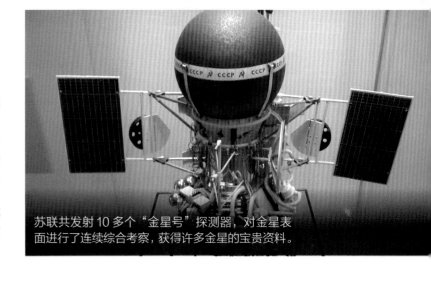

苏联共发射 10 多个"金星号"探测器,对金星表面进行了连续综合考察,获得许多金星的宝贵资料。

"水手 10 号"拍摄的第一张金星特写照片

"水手号"系列探测器

1962 年 ~ 1973 年,美国陆续发射了 10 个"水手号"系列探测器。"水手 2 号"于 1963 年 2 月在距金星 34800 千米处飞过,成为人类第一个成功接近其他行星的空间探测器。飞往企星的探测器还有"水手 4 号"和"水手 10 号",后者是第一个执行双行星探测任务及第一个装备图像系统的探测器。1974 年 2 月,"水手 10 号"从距金星 5760 千米之处飞过,拍摄了数千幅金星云层的照片,然后向水星飞去。"水手 10 号"共飞掠水星 3 次,向地球发回 2500 多幅照片。成功飞往火星的"水手号"探测器有 4 个,1971 年 5 月发射的"水手 9 号"是第一个成功进入环绕火星轨道的探测器,它的探测结果颠覆了人类对这颗红色星球的认识,并为后续的火星探测打下基础。"水手 9 号"运行至 1972 年,传回的大量图像和数据让美国有把握在 4 年后执行更大胆的火星探测计划。

"海盗号"探测器

1975 年 8 月和 9 月,美国相继发射了"海盗 1 号"和"海盗 2 号",这两个探测器执行了人类行星探测史上里程碑式的探测任务,这也是最昂贵的行星探测任务之一。探测器包括环绕器和着陆器,"海盗 1 号"着陆在火星一个冲击河谷附近,"海盗 2 号"降落在火星北极冰帽边缘。这两个着陆器都搭载了用于探测和识别火星样品中有机物的科学仪器,开展了多项生物实验以研究火星上是否存在生命。很遗憾的是,这些基于新陈代谢的生物实验,并未获得火星上存在生命的直接证据。

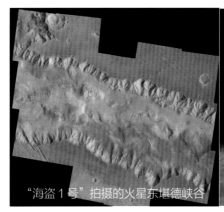

"海盗 1 号"拍摄的火星东堪德峡谷

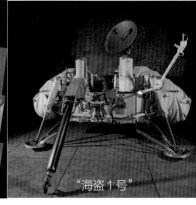

"海盗 1 号"

远日行星探测

1977 年,美国先后发射了"旅行者 1 号"和"旅行者 2 号"。这两个探测器沿着两条不同的轨道飞行,担负探测太阳系类木行星的任务。"旅行者 2 号"先后掠过木星、土星并进行探测,在航行 48 亿千米之后,于 1986 年 1 月最接近天王星,发现了十多个以前未知的天王星卫星。1989 年 8 月,"旅行者 2 号"最接近海王星,对海卫一进行探测,发现海卫一的确是太阳系中唯一一颗沿行星自转方向逆行的卫星,也是太阳系中最冷的天体。"旅行者 2 号"探测器飞行速度很快,又没有携带燃料用于减速,无法进入环绕这两颗行星的轨道。这是人类对天王星和海王星的唯一一次探测,自此之后人类已有 30 多年没有造访这两颗太阳系中离太阳最远的行星了。现在这两个探测器都已经进入了超越海王星的太阳系空间。

"旅行者 2 号"拍摄的海王星照片

火星新发现

由于航天运输能力的限制，人类还无法飞出太阳系。而在太阳系内，只有火星的自然环境与地球最相似，是太阳系中唯一经改造后适合人类长期居住的天体，是人类移居外星球的首选目标。人类迄今已开展 40 多次火星探测，其中约 20 次实现了对火星的飞掠、环行或着陆，取得了大量探测资料，中国将于 2020 年前后实施首次火星探测任务。火星已然成为除地球外人类认识程度最高的行星。人类探索火星的道路将充满挑战，但这种冒险精神正是人类社会蓬勃发展的原生动力。

"火星奥德赛号"探测器

火星着陆

火星车或着陆器，要穿过火星大气层才能"踏"上火星表面，这期间需要经历惊心动魄、生死攸关的一幕——探测器从 130 多千米的高空进入火星大气，速度高达 6 千米 / 秒，要在短短 7 分钟的时间内，让探测器的速度降至零，从而实现安全着陆。这也是所有火星探测任务中技术难度最大、失败概率最高的关键环节。这一阶段被称为"进入、下降和着陆"阶段，是名副其实的"恐怖 7 分钟"。安全着陆火星表面主要通过气囊缓冲、反推着陆支架缓冲、空中吊车着陆三种方式来实现。

"勇气号"和"机遇号"火星车采用气囊缓冲方式，成功着陆在火星表面。

"好奇号"火星车

"好奇号"火星车是美国第七个火星着陆探测器，也是世界上第一辆采用核动力驱动的火星车。它于 2011 年 11 月发射，2012 年 8 月成功登陆火星表面。"好奇号"火星车首次使用了一种被称为"空中吊车"的辅助设备助降。空中吊车和"好奇号"组合体在经过大气摩擦减速和降落伞减速后，空中吊车开启 8 台反冲发动机，进入有动力的缓慢下降阶段。当速度降至大约 0.75 米 / 秒之后悬停，几根缆绳将"好奇号"从空中吊车中吊出来，悬挂在下方。"好奇号"着陆火星后，空中吊车在距离"好奇号"一定安全范围内着陆。

探测器发射时机

由于地球和火星都是运动的天体，所以从地球出发的火星探测器并非任何时候都可以发射，而是每隔 2 年零 2 个月（780 天）出现"火星冲日"时，才有一次发射机会。这样的发射机会称为发射窗口。火星冲日时，火星和太阳分别位于地球的两边，太阳刚一落山，火星就从东方升起，而等到太阳从东方升起时，火星才在西方落下，因此整夜都可观测火星。此时，火星离地球较近，它的亮度也是一年当中最亮的，所以此时是发射火星探测器的好机会。

火星发现液态水

2008 年，美国"凤凰号"着陆器在火星北极着陆，经取样分析，确认火星土壤中有些是含有结构水的矿物。2013 年，美国"好奇号"火星车发现火星岩石中存在含结构水的矿物质的可靠证据。2018 年，欧洲航天局发射的"火星快车号"探测器，在火星南极 1.5 千米的冰盖下，首次发现了直径约 20 千米的液态湖泊。水是生命之源，科学家的下一个目标，就是要在火星上做进一步的探测，调查火星上现在是否有微生物形态的生命。

火星大气消失之谜

火星探测成果表明，火星曾经有过大规模的液态水和浓厚的大气层。"马文号"探测火星大气的数据分析结果表明，火星大气逃逸、消散到太空中可能是火星气候变化的主要原因。由于火星没有全球性的磁场，太阳风可以直接抵达火星，将火星高层大气中的带电离子驱赶走。而地球由于有磁场的保护，带电的太阳风粒子无法直接抵达地球大气层，导致太阳风对地球和火星大气产生了不同的影响。

"洞察号"搭载了火震测量仪、温度测量装置、旋转和内部结构实验仪三部主要的科学仪器，设计任务时间为两年。科学家希望通过"洞察号"了解火星内核大小、成分和物理状态、地质构造，以及火星内部温度、地震活动等情况，探究火星"内心深处"的奥秘。

2018 年 11 月，"洞察号"进入火星大气层，整个进入、降落和着陆的过程在约 7 分钟内完成。

火震测量仪

奇思怪问

真的有火星人吗？

自 1887 年意大利米兰天文台台长、天文学家斯基帕雷利首先用望远镜观察到火星上的沟渠系统（运河）以来，对火星存在生命、甚至"火星人"的猜测席卷全球。火星纵横交错的"运河"系统，以及火星上建立了发达的农业体系，继而各种"火星人"的科幻作品风靡一时。但此后人类通过发往火星的一系列探测器，确认了火星上曾经有水，还发现了北半球干涸的海洋盆地和一些盐类矿物残留的干涸湖泊，以及各种类型的干枯的河床。虽然火星上不可能有火星人等高等智慧生命，但火星上可能曾经繁育过低等的生命形态。

热流探头

冥王星探测

冥王星于 1930 年被发现，原为太阳系九大行星之一。尽管冥王星在 2006 年被降级为矮行星，但人们对它的关注并没有减少。由于距离地球太远，体积较小，冥王星接收到的太阳光芒十分微弱。在"新视野号"探测之前，我们甚至没有冥王星表面的清晰照片，即使"哈勃"空间望远镜所获取的图像也模糊不清。现在，人类已经对岩石行星和气液态巨行星进行过多次探测。"新视野号"是首个也是目前唯一一个对柯伊伯带的冰态矮行星进行探测的探测器。人类对矮行星的认识还不完整，"新视野号"的探测将填补这一空白，丰富我们对太阳系天体类型的知识。

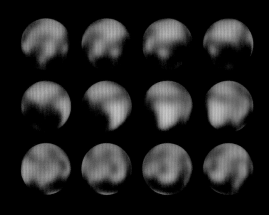

"哈勃"空间望远镜于 2002 年 ~ 2003 年拍摄到的冥王星，图中的明暗结构可能意味着冥王星表面的成分变化。

发现冥王星

冥王星的亮度很弱，只有 15 等。19 世纪末，天文学家根据对海王星的观察，推测有其他行星摄动天王星轨道，并推测在海王星之外还有未知行星。在寻找冥王星的工作中，美国天文学家罗威尔详细计算了这颗未知行星的位置，用望远镜仔细寻找，付出了十几年的心血。这项搜索未知行星的任务，直到 1916 年罗威尔突然去世也没有任何成果。1929 年，洛韦尔天文台台长邀请美国天文学家汤博加入未知行星的搜索行列。他们仔细地搜索每个天区，拍摄了大量底片，并对每张底片进行认真的检查。1930 年 1 月 21 日，汤博终于在双子星座的底片中发现了这颗新行星，后将其命名为"Pluto"。

"新视野号"首次测得冥王星的直径约 2370 千米，约为地球直径的 18.5%，比之前的预期值大 80 千米。科学家曾认为直径约 2326 千米的阋神星比冥王星更大，这也是导致冥王星被降级的原因之一。"新视野号"的测量结果再次为冥王星正名，虽然它已降级为矮行星，然而仍得以保持绕日公转的第九大天体之尊，大小仅次于八大行星。

"新视野号"的探测任务

2006 年 1 月，美国发射了"新视野号"探测器。2015 年 7 月，"新视野号"首次近距离飞越冥王星，最近距离 13695 千米，这是人类第一次如此近距离地观测冥王星。"新视野号"还将考察太阳系的柯伊伯带，新的发现也许会破解太阳系诞生之初的奥秘，让我们重新认识太阳系。"新视野号"拍摄的冥王星照片，最高分辨率约 60 米，是目前最清晰的冥王星照片。"新视野号"拍摄了冥王星表面的地质结构和纹理信息，还拍到云层等，并在冥王星上发现有蓝天和冰火山。科学家曾推测冥王星表面可能存在这些现象，"新视野号"发回的资料证实了这些推测。

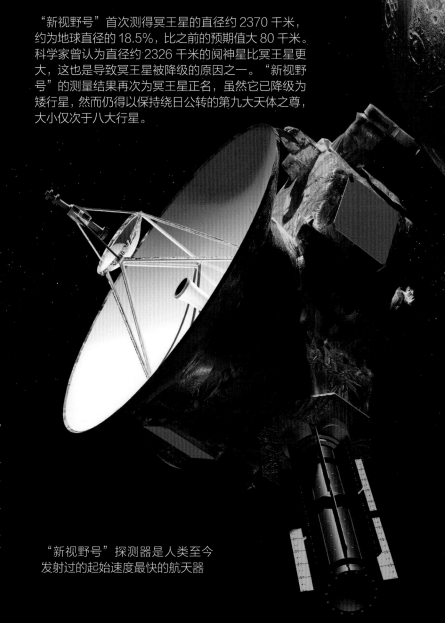

"新视野号"探测器是人类至今发射过的起始速度最快的航天器

"新视野号"的旅程

2006 年 1 月 19 日，"新视野号"探测器发射升空。4 月 7 日，探测器穿过火星轨道。5 月上旬，探测器进入小行星带。10 月下旬，探测器离开小行星带。11 月 28 日，探测器首次拍摄并传回小行星照片。2007 年 1 月 8 日，探测器开始探测木星。2 月 28 日，探测器飞越木星，最近距离约 230 万千米。3 月 5 日，探测器结束木星探测。2008 年 6 月 8 日，探测器穿过土星轨道。2009 年 12 月 29 日，探测器越过地球与冥王星的连线中点，距离地球约 24.57 亿千米，此后探测器距离冥王星比距离地球更近。2011 年 3 月 18 日，探测器穿过天王星轨道。2014 年 8 月 24 日，探测器穿过海王星轨道。2014 年 12 月 8 日，探测器被成功唤醒，因其途中累计休眠 1873 天，以节省电力。2015 年 7 月 14 日，探测器飞越冥王星，最近距离 13695 千米，速度 13.78 千米／秒，测得冥王星直径约 2370 千米、冥卫一直径约 1208 千米。2016 年开始，探测器继续在柯伊伯带中穿行。2019 年 1 月 1 日，探测器抵达了编号为 2014 MU69 的另一个柯伊伯带天体——"天涯海角"。

由于冥王星距离太阳太远，"新视野号"接收到的太阳辐射只有地球上的千分之一，已经不可能用太阳能电池来为探测器供电，所以科学家为"新视野号"携带了一个功率为 200 多瓦的核电池。电池像黑色的尾巴一样拖在探测器后面，它利用放射性同位素二氧化钸自然衰变时所释放出来的热，以热电偶形式发电，可以使航天器一直工作到 2030 年。

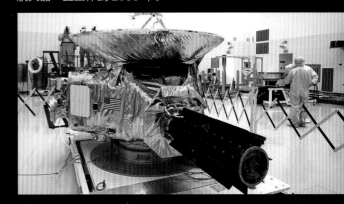

"新视野号"的通信系统

"新视野号"安装有一只直径为 2.1 米的高增益天线，能与地球的深空网络保持联系，接收来自地球的指令，并将收集的科学资料输送到地球。在抵达冥王星之前，"新视野号"就按照预定程序，暂停了与地球的部分通信。"新视野号"在飞掠过程中搜集的数据，超过了其即时传输能力的 100 倍，所以"新视野号"只能优先传回最关键、优先级最高的数据，其他海量数据从 2015 年 9 月开始才慢慢传回地球。

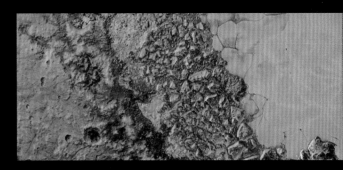

"新视野号"距离冥王星 8 万千米拍摄的图片

"新视野号"拍摄的图片上，冥王星表面有一块心形区域。这个区域被命名为"汤博区"，以纪念冥王星的发现者。

汤博区

冥王星

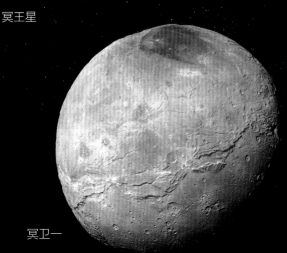

冥卫一

冥王星和冥卫一又被称为双行星，因为冥卫一与冥王星的相对大小（超过冥王星直径的一半）比太阳系其他已知的行星或矮行星的卫星都要大。

小行星探测

绝大多数小行星运行在火星和木星之间，由于其体积小、经历的演化程度低，因此仍保留着太阳系形成初期的原始成分和珍贵历史。研究小行星是探索太阳系早期演化的重要途径。小行星与地球上发现的陨石有千丝万缕的联系，确定这些陨石的来源母体，同样需要对小行星开展深入研究。在深空探测任务中，20 世纪 60 年代后，美国和苏联集中探测月球；20 世纪 90 年代以来，探测火星及其可能存在的生命是美国的核心任务，因此小行星的探测一直不是深空探测任务的重点。日本"隼鸟号"对糸川小行星的探测，是小行星探测任务中最成功的一次，实现了人类首次从小行星取样、第二次从地外天体的直接采样并返回。中国"嫦娥二号"于 2012 年 12 月近距离飞越图塔蒂斯小行星，成功获取图塔蒂斯小行星高分辨率图像数据。

"黎明号"小行星探测器的
任务是探测灶神星和谷神星

谷神星

"黎明号"小行星探测器

2007 年 9 月，美国发射了"黎明号"小行星探测器。"黎明号"远赴火星和木星之间的小行星带，在 2011 年和 2015 年先后探测灶神星、谷神星。灶神星和谷神星是人类从未探测过的天体。这次任务的目标是通过观测研究灶神星和谷神星的原始信息，了解太阳系形成之初的状况及过程，同时科学家还希望了解小行星演化过程中水的作用；通过确定小行星上的物质成分，来加深对类地行星形成过程的认识，因为小行星上的物质成分与类地行星起源时的物质成分相似；通过对小行星带中这两个标志性天体的起源和演化过程进行分析比较，来测定其内部结构的差异和成因。

灶神星

小行星探测的意义

小行星探测对研究太阳系的起源与演化具有重要意义。通过分析小行星的物质成分，可以捕捉太阳系形成早期的信息，同时还可以了解太阳系遭受的太空风化作用。地球上收集的陨石绝大多数来自小行星，被认为是小行星的碎片。通过开展小行星探测、采集小行星样品以及陨石和小行星之间的比较分析，可以验明陨石的"母体"，建立陨石和小行星之间的"血缘"联系，研究太阳系的演化历史。对生命起源而言，某些小行星尘埃中含有有机物，这些有机物可能与地球上生命的起源有关。有些小行星上含有丰富的稀有元素和贵金属，具有重要的资源价值。确定近地小行星的运行轨道，研究其与地球轨道相交的可能性，是保护地球和人类安全的重大课题之一。

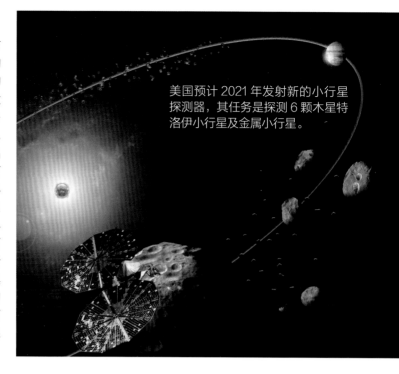

美国预计 2021 年发射新的小行星探测器，其任务是探测 6 颗木星特洛伊小行星及金属小行星。

"隼鸟号"探测器完成小行星采样任务

"隼鸟号"小行星探测器

2003 年 5 月，日本发射了"隼鸟号"小行星探测器，其目标是糸川小行星。2005 年 11 月，"隼鸟号"着陆糸川小行星，成功采集到样品。"隼鸟号"历经 7 年的太空航行，期间故障不断、九死一生，最终于 2010 年 6 月返回地球，完成人类首次小行星采样并返回地球的探测活动。科学家对其采集的样品进行实验室分析，最终确定 S-型小行星是普通球粒陨石的母体。2014 年 12 月，日本发射"隼鸟 2 号"小行星探测器。2019 年 2 月，"隼鸟 2 号"完成首次在龙宫小行星上着陆取样的任务。

"奥西里斯号"小行星探测器

2016 年 9 月，美国发射"奥西里斯号"小行星探测器，其任务是对贝努小行星进行采样返回探测。"奥西里斯号"已于 2018 年 12 月抵达贝努小行星，并在环绕贝努的轨道上对其进行全球表面成像观测，展开为期 2 年的科学研究。2020 年 7 月，探测器将使用机械臂末端的采样器采集至少 60 克小行星表面风化层样品，并于 2023 年把样品送回地球供科学家研究。

"奥西里斯号"小行星探测器

彗星探测

彗星是太阳系中很神秘的天体，它蕴藏着很多太阳系形成之初的信息。彗星有时离地球很近，有时又飞到太阳系的边缘。彗星的结构、组成和运行规律一直令科学家们着迷，尽管人类很早就对彗星有观测记录，但对彗星的认识却非常有限。由于彗星核部被彗发包裹，地面上的望远镜获取的彗星信息非常有限。目前人类已发射多个彗星探测器，飞临彗星着陆探测和采样。"罗赛塔号"任务的成功是人类探测彗星历史的一个里程碑，未来将会有更多彗星探测任务来揭示彗星形成和演化的谜题。

"罗赛塔号"彗星探测器

"罗赛塔号"任务

2004 年 3 月，欧洲航天局发射了"罗赛塔号"彗星探测器。2014 年 8 月，"罗赛塔号"进入"楚留莫夫－格拉希门克"彗星轨道，成为人类历史上第一个进入彗星轨道的探测器。2014 年 11 月，"罗赛塔号"探测器携带的"菲莱"着陆器成功登陆"楚留莫夫－格拉希门克"彗星，拍摄了清晰的照片发回地球。对彗星的水冰进行氢同位素分析表明，其与地球水的氢同位素组成差别很大，这再一次证明地球水的主要来源不是彗星。2016 年 9 月，"罗赛塔号"撞向"楚留莫夫－格拉希门克"彗星，结束了 12 年的"追星"之旅。

"星尘号"探测任务

1999 年 2 月，美国发射了"星尘号"探测器，主要目的是探测"维尔特 2 号"彗星及其彗发成分。2004 年 1 月，"星尘号"飞越"维尔特 2 号"彗星，从彗星的彗发中收集到尘埃样品，并拍摄了由尘埃和冰构成的彗核图片。2006 年 1 月，"星尘号"返回舱在地球成功着陆。研究结果表明，"维尔特 2 号"彗星的粒子含有大量的有机化合物，部分类型的氨基酸在碳质陨石和星际尘埃颗粒中已有发现。

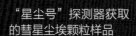
"星尘号"探测器获取的彗星尘埃颗粒样品

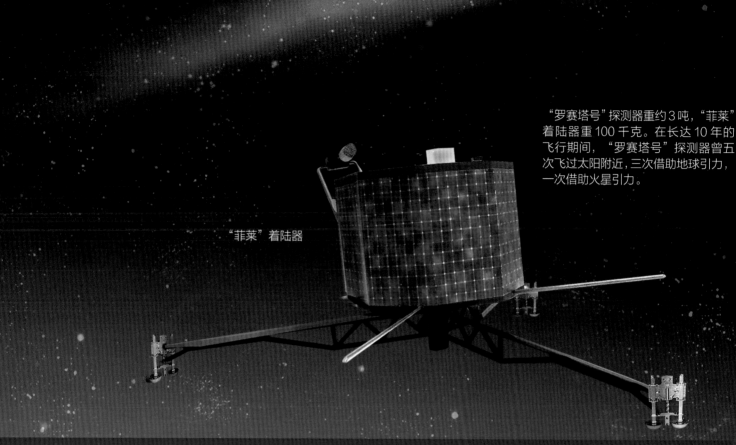

"罗赛塔号"探测器重约3吨,"菲莱"着陆器重100千克。在长达10年的飞行期间,"罗赛塔号"探测器曾五次飞过太阳附近,三次借助地球引力,一次借助火星引力。

"菲莱"着陆器

彗星探测的科学意义

我们在地面观测彗星,很难直接看到包裹在彗发中的彗核。认识彗星的结构和物质组成,探索彗星的活动现象和产生机制,都需要飞临彗星近距离探测及采集彗核样品进行分析。另外,彗星的一个特点是富含挥发性物质和复杂有机化合物,对这些物质的研究将有利于解开生命起源的谜题。地球和其他行星已经历不同程度的演化,其形成过程和早期演化的大多遗迹已丧失。彗星形成于寒冷的太阳系外区并长久地处于低温状态下,尤其是彗核内部的演化程度很低,较多地保留了太阳系形成早期的原始物质状况。从彗星物质可能得到太阳系原始星云中的尘埃和初始凝聚物,与行星、卫星、小行星物质的比较研究,可以为探索行星以及太阳系的形成和演化过程提供线索,从而有助于探索地球起源和演化。

欧洲航天局于1985年发射了"乔托号"探测器,对哈雷彗星实施探测。

"深度撞击号"任务

2005年1月,美国发射了"深度撞击号"彗星探测器,用于研究"坦普尔1号"彗星彗核的成分。7月3日,"深度撞击号"释放了一个重约370千克的铜质撞击器,对"坦普尔1号"彗星进行了猛烈撞击,地球在8分钟后接收到撞击发生的信号。此前欧洲"乔托号"、美国"星尘号"等针对彗星的太空任务,仅进行拍摄和远距离彗核探测。"深度撞击号"是第一个激起彗星表面物质的探测器,从撞出的大坑里探索彗星内部的物质,收集和研究撞击产生的尘埃。

"深度撞击号"释放的撞击器对"坦普尔1号"彗星进行了撞击,科学家希望通过对彗星溅射物和余波的观测,确定彗星内核与外层的差异,以探究彗星的形成过程。

太空行走

　　航天员走出航天器，在舱外的近地空间中进行的活动就是"太空行走"。不过，虽然被称为"太空行走"，但在失重的太空中，处于漂浮状态的航天员其实并不能用脚行走，而通常是用手抓住扶手或通过机械臂、机动装置帮助身体移动的。太空行走对人类开发太空有很大的作用，它和载人航天器发射与返回技术、空间对接技术一起，并称为载人航天的三大基本技术。

航天员出舱
进行太空行走

太空行走的方式

　　航天员太空行走的方式主要有脐带式和自主式。脐带式是通过一根"脐带"似的绳索将航天员与航天器连接，航天员太空行走时需要的氧气、通讯信号等，都通过"脐带"从航天器内获得。人类进行的首次太空行走就是脐带式行走。自主式行走的航天员则不系"脐带"，而是身背一个便携的生命保障系统或增装机动装置，通过机动装置喷气产生的推力，在一定范围内自由移动。目前大多采用自主式行走。

太空行走的作用

　　航天员出舱之后，能做许多机器无法完成的复杂工作，如在太空组装、扩建航天器，维修、升级航天器，释放和回收卫星等。正因有航天员多次进行舱外操作，"国际"空间站才得以顺利组装。"和平号"空间站和"哈勃"空间望远镜曾多次出现故障，多亏航天员出舱进行修复，它们才"起死回生"。航天员登陆月球，则是另一种特殊的太空行走。

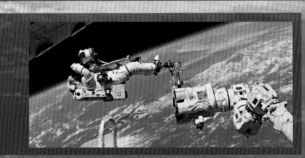

1965年3月18日	1965年6月3日	1969年7月20日	1984年2月7日	1984年7月25日
苏联航天员列昂诺夫实现了人类第一次太空行走。但因为航天服过度膨胀，他险些无法返回舱内。幸亏冒生命危险放出航天服内的一些气体，他才逃过一劫。	埃迪·怀特担任"双子座4号"航天员，成为美国太空行走第一人。	美国航天员阿姆斯特朗和奥尔德林实现了人类在月球的第一次太空行走，在月球表面留下了人类的第一个脚印。	美国航天员麦坎德利斯进行了人类第一次不系"脐带"的自主式太空行走。他行走了约100米，创造了单次太空行走最远距离的纪录。	苏联女航天员萨维茨卡娅走出"礼炮7号"空间站向地球问好，成为世界第一位太空行走的女性。

穿着舱外航天服行走

想要在没有氧气、极端低温、有致命辐射的太空中行走，可靠的舱外航天服是关键。舱外航天服通常有许多层，一般最里面的是防静电的舒适层，最外层是抗高热、防磨损、防辐射的防护层，中间还有隔热层等。舱外航天服还配有一个大背包，里面是为航天员提供氧气、维持气压和体温的生命保障系统，以及帮助航天员向各个方向移动的机动装置。穿上这套衣服，几乎就是穿上了一个小型的载人航天器。

- 氧气压力表
- 应急氧气罐
- 通信装置
- 氧气循环风扇
- 氧气除湿器
- 氧气机
- 氧气管
- 冷却水的水泵
- 通风和压力调节应急阀
- 压力计
- 镀金防晒板
- 密闭面罩
- 话筒
- 电缆
- 冷却液导管
- 氧气管
- 尿液收集装置
- 防护手套
- 用来装岩石标本的口袋
- 用于应急救援的自动密封补丁

航天员正在舱外组装"国际"空间站

奇思怪问

航天员太空行走时脱离了"脐带"怎么办？

虽然电影《地心引力》里曾有航天员脱离"脐带"，飘向无垠太空的情节，但现实远没有电影那么可怕。航天员出舱进行太空行走时，通常会通过一根极为结实的钢筋安全绳和航天器相连。如果是两个航天员一起进行太空漫步，他们彼此之间也会通过安全绳相连，以便一个人能拉回飘走的另一个人。即使安全绳断了，还有一样法宝可以拯救航天员，就是载人机动装置。利用它上面的喷气式动力背包，航天员可以很容易地把自己推回安全地带。

1997年4月29日	1998年1月14日	2001年3月11日	2008年9月27日	2013年11月9日
俄罗斯航天员瓦西里和美国航天员林恩格一前一后走出空间站，实现了美国和俄罗斯的第一次联合太空行走。	俄罗斯航天员索洛维耶夫出舱修理空间站，这是他第16次太空行走，创造了太空行走次数和累计时间82小时22分钟的最高纪录。	美国航天员赫尔姆斯和沃斯进行了长达8小时56分钟的太空行走，创造了单次太空行走时间最长的纪录。	"神舟七号"航天员翟志刚完成中国人的第一次太空行走。中国成为继苏联（俄罗斯）、美国之后世界上第三个独立掌握太空行走技术的国家。	俄罗斯航天员科托夫和梁赞斯基携带2014年索契冬奥会的火炬出舱，第一次将奥运会火炬带入太空。

太空生活

太空生活是什么样的？美国航天员斯考特·凯利大概是最有发言权的人之一。为了帮助科学家研究人体长时间处于微重力环境下的变化，并为登陆火星做准备，他接受了一项特殊任务——在太空生活将近一年。2015年3月27日，斯考特·凯利进入"国际"空间站，开始了一段无与伦比的太空生活。凯利在工作之余，不定期地通过他的社交账号，发送从太空中拍摄的各种令人惊叹的照片。2016年3月2日，凯利结束了太空旅程，安全返回地球。

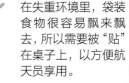

尼龙搭扣

在失重环境里，袋装食物很容易飘来飘去，所以需要被"贴"在桌子上，以方便航天员享用。

太空洗漱

在太空里，斯考特·凯利的一天是从早上刷牙洗脸开始的。他可以和地球上的人一样使用牙刷和牙膏，有时嚼口香糖清理口腔。由于空间站里的水非常宝贵，他一般用湿毛巾擦脸，只有洗澡时才会彻底清洗面部。

凯利的同事凯伦在空间站内洗发

把水和免洗洗发露挤在因失重而"怒发冲冠"的头发上

像在地球上一样用手搓揉头发，只不过没有泡沫。

不用水冲洗头发，而是直接用毛巾把头发擦干。

与在地球上一样，洗完后的头发既干净又顺滑。

洗手池

大便马桶

小便马桶

"吃"在太空

洗漱完毕，斯考特·凯利开始享用他的早餐。每天的早、中、晚，他都有一个小时左右的进餐时间，而且吃的东西和地面上差不多：有新鲜的火腿、水果，有经过脱水处理，放在密封袋里的面条、米饭和各种做好的菜肴，也有盐、糖、番茄酱等调味料。对航天员来说，吃东西是一件非常好玩的事，因为既可以像在地球上一样把食物送到嘴里，也可以让食物飘在空中，然后"飞"过去用嘴叼食。为了不掉渣，他们要闭嘴咀嚼食物。

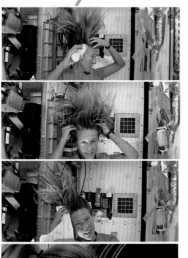

空间站里的太空"冰箱"功能比普通冰箱强大很多。航天员吃一些干燥的半脱水食物前，可以通过"冰箱"给食物注入热水，让食物恢复正常的口感。

各国航天员都能吃到各自国家的特色食物，不用担心口味不习惯的问题。比如中国航天员在太空就能吃到雪菜肉丝、干烧杏鲍菇等菜肴，日本航天员在太空也能吃到日式羊羹。

太空工作

吃完早饭，斯考特·凯利开始了一天的工作。一天 24 小时内，大约有 10 个小时都是他的工作时间。每天的工作内容都不一样，所以他要先和地球上的工作人员取得联络，再进行工作。有时他的工作是科学实验；有时他会"客串"修理工，排除空间站出现的各种故障。他还要每天测量自己的血压、体温等生命指标项，把结果汇报给地球，因为帮助科学家进行人体研究，也是他工作的一部分。

太空健身

在太空环境中，人体很容易骨质疏松、肌肉萎缩，所以工作结束后，斯考特·凯利会进行 2 小时左右的健身锻炼。和其他航天员一样，他最常用的健身器材是跑步机和功率自行车。有时，他还会穿上一种特制的"企鹅服"，这种衣服可以使航天员的肌肉处于紧张状态，只要动一下就得用劲儿，进而就能达到锻炼肌肉的目的。航天员在上跑步机的时候，必须用一根带子绑在肩背上，把自己往跑道上拉，才不会飘起来，同时实现一定的压力，来模拟地面上跑步的感觉。

空间站中的跑步机

"玩"在太空

结束锻炼，吃完晚饭，"下班"的斯考特·凯利迎来了自己的休闲时间。一个多小时的时间里，斯考特·凯利会看电视、玩平板电脑，与地球上的家人、朋友打"越球"电话。周末会和其他航天员伙伴看电影。他尤其爱玩社交软件，喜欢拍摄从太空看到的地球，还喜欢自拍，然后"秀"给地球上的人们看，他时常与地球上的"粉丝"互动，就连前美国总统奥巴马都是他的"粉丝"。

斯考特·凯利大概是唯一一位生活在太空的摄影师，也是航天员里技术最棒的摄影师。他喜欢把自己从太空拍摄到的地球地貌称为"地球艺术"。

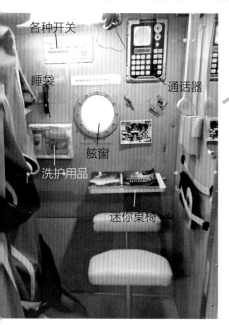

各种开关

睡袋

通话器

舷窗

洗护用品

迷你桌椅

"睡"在太空

休闲活动结束，斯考特·凯利回到自己的卧室，钻进睡袋，结束了在太空的一天。"国际"空间站里，每位航天员都有一个电话亭那么大的迷你卧室。卧室里有睡袋、书桌、通话器等设施，还有平板电脑、书等各种航天员的私人物品。斯考特·凯利将睡袋固定在墙上，这样能避免自己睡着时飘起来，撞到一边的电脑和书桌。睡觉时，他还必须把手臂放进睡袋里，以防睡着以后手臂飘起来，碰到舱壁上的各种开关。由于"国际"空间站一天会经历十几次日出和日落，所以卧室的灯光可以调节光线，以营造出夜晚的感觉，便于航天员入睡。

太空环境

太空的环境和地球上一点都不一样，无论对人还是对仪器设备来说，太空环境都是艰险而恶劣的。但太空环境中也有很多重要的资源，对人类的未来有着重大意义。研究太空环境的目的，就是让人类能在太空里生存下去，并且能够抵达太阳系内的其他天体，实现人类真正的进步。

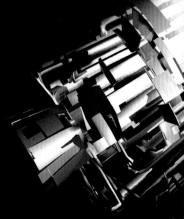

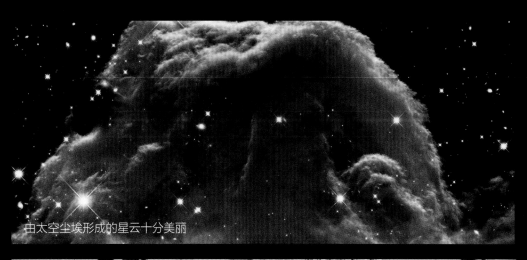

由太空尘埃形成的星云十分美丽

太空里有什么

太空里不仅有宇宙射线、粒子和各种天体，还有很多看不见的东西，如科学家们正在寻找的暗物质。另外，太空里还有很多稀薄的尘埃，它们的密度非常小，但总和却非常巨大。我们仰望星空，可以看到星星之间是深色的宇宙背景。有人说，那些深色并不是虚空，而是宇宙尘埃，因为它们的厚度要以光年计算，所以看起来就是一团黑。

没有重力的情况下，人们可以悬浮起来。

太空里没有什么

太空里没有空气，所以太阳光照射下的景物都完全不同，它们正面反射阳光而亮得耀眼，背面却毫无光照而漆黑一片。太空里也没有均匀的温度，同一个物体，被太阳直射的表面温度可以高达几百摄氏度甚至更高，背对太阳的部分却比南极还冷得多。

水在太空中形态发生了变化

太空里很有趣

在太空中，我们能看到宇宙的绮丽景象，还能测量到很多被大气层挡住的宇宙射线和粒子。其中有些粒子是宇宙形成之初就存在的，如正电子，对它们的研究可大大加深我们对于宇宙起源的了解。地球上生产出来的各种材料、动植物的身体乃至我们人类自己的身体，在太空环境里会发生什么变化，这些观测和研究都会很有趣。

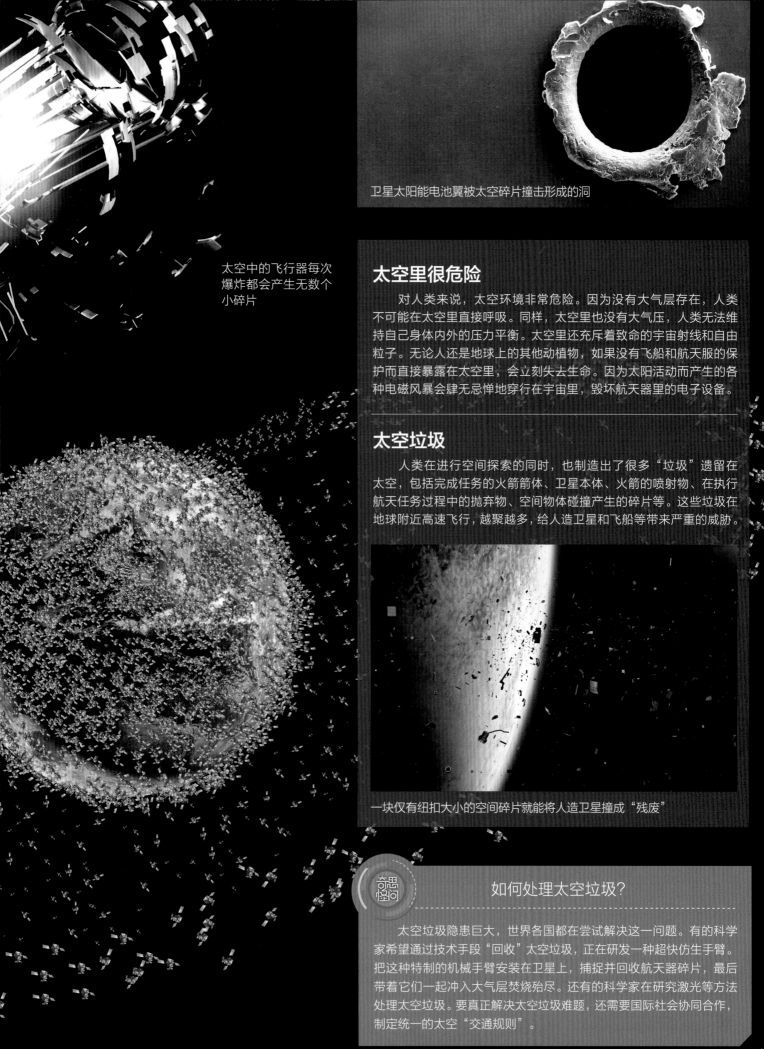

太空中的飞行器每次
爆炸都会产生无数个
小碎片

卫星太阳能电池翼被太空碎片撞击形成的洞

太空里很危险

对人类来说，太空环境非常危险。因为没有大气层存在，人类不可能在太空里直接呼吸。同样，太空里也没有大气压，人类无法维持自己身体内外的压力平衡。太空里还充斥着致命的宇宙射线和自由粒子。无论人还是地球上的其他动植物，如果没有飞船和航天服的保护而直接暴露在太空里，会立刻失去生命。因为太阳活动而产生的各种电磁风暴会肆无忌惮地穿行在宇宙里，毁坏航天器里的电子设备。

太空垃圾

人类在进行空间探索的同时，也制造出了很多"垃圾"遗留在太空，包括完成任务的火箭箭体、卫星本体、火箭的喷射物、在执行航天任务过程中的抛弃物、空间物体碰撞产生的碎片等。这些垃圾在地球附近高速飞行，越聚越多，给人造卫星和飞船等带来严重的威胁。

一块仅有纽扣大小的空间碎片就能将人造卫星撞成"残废"

奇思怪问 · 如何处理太空垃圾？

太空垃圾隐患巨大，世界各国都在尝试解决这一问题。有的科学家希望通过技术手段"回收"太空垃圾，正在研发一种超快仿生手臂。把这种特制的机械手臂安装在卫星上，捕捉并回收航天器碎片，最后带着它们一起冲入大气层焚烧殆尽。还有的科学家在研究激光等方法处理太空垃圾。要真正解决太空垃圾难题，还需要国际社会协同合作，制定统一的太空"交通规则"。

太空植物

如何让植物在太空里繁育、生长乃至为人类服务是一项重要的研究。与动物一样，植物也会受到太空环境里失重、辐射等因素的影响。失重会影响植物的根系，辐射会影响细胞生长。在目前的实验中，人们还都是用人工灯光为植物照明的。如果直接用宇宙里强烈的阳光照射它们，是否会产生奇怪的变化是个未知数。

空间站里特制的"蔬菜花盆"，能向蔬菜照射人造的太阳光。

空间站里收获的蔬菜已经可以食用，航天员吃了这些菜之后，身体没有发生异常反应。

太空育种

依靠人造太阳光、水和肥料，人们可以将从地面带来的种子，在太空中培育成熟，或进行太空育种。太空育种又称空间诱变育种，是将农作物种子或试管种苗送入太空，利用太空的高真空、宇宙射线、微重力等特殊环境的共同诱变作用，使生物自身产生基因变异，再回到陆地上，经过科研人员多代筛选、培育，形成特性稳定的新品种。与地球上的普通植物相比，用太空种子种出的蔬菜和花卉往往大而肥硕。

太空南瓜可以长到惊人的 150 千克，比一般的地球南瓜大得多。

太空中的鼠耳芥

鼠耳芥是一种普通的植物，一般长得细长柔弱，它生长周期短、基因组小，是当前空间科学研究的模式植物。2006 年，美国国家航空航天局把一些干的鼠耳芥种子装在培养器皿里送上天，然后浇水、施肥，让它们发芽并且生长。在微重力和宇宙辐射环境中，这些种子都顺利发芽了。带回地面继续培养后人们发现它们长成又短又肥的样子，和地球上的同类大相径庭。

微重力下的无规则根系

地球上的植物一般都是茎向上生长、根向下生长。但在太空里，根甚至会和茎长到同一个方向去。科学家推测，这可能是因为生长素在失重环境下无法正常输送到各个部位去，使根和茎的生长方向都发生了混乱。

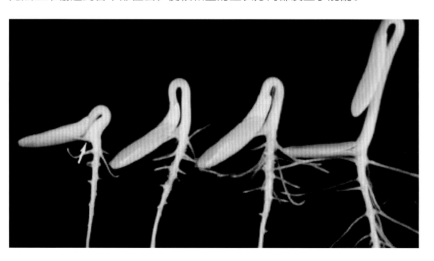

鼠耳芥的种子被放在太空育种盒里

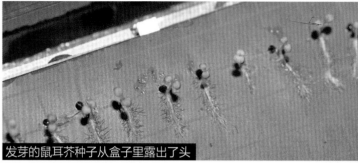

发芽的鼠耳芥种子从盒子里露出了头

鼠耳芥的苗继续生长，渐渐长成一棵植株。

把植株从太空带回地面后继续培养，人们发现它们长得又短又肥，与地球上的同类大相径庭。

地球上的鼠耳芥

87

太空动物

进入未知的太空之前，人类并不清楚自己是否能承受航天器发射、运行、返回过程中的各种考验，也并不清楚自己能否在失重、真空、高辐射的太空环境下生存。多亏有了先于人类勇闯太空的动物先驱，我们才得以解开疑问，开启了人类进入太空的新纪元。俄罗斯、美国、法国、阿根廷、中国、日本、伊朗等国都曾拥有过动物航天员。

太空的第一位访客

1957年，太空终于迎来地球来的第一位访客——来自苏联的小狗莱伊卡。莱伊卡原本是一条流浪狗，科学家认为流浪狗比宠物狗更能忍受太空的严酷环境，于是选中了莱伊卡。1957年11月，莱伊卡乘坐苏联的"人造地球卫星2号"成功进入太空，向全世界证明哺乳动物可以承受发射的过程和太空的失重环境。可惜的是莱伊卡进入太空几个小时后就死去了，成为一名悲壮的"航天英雄"。

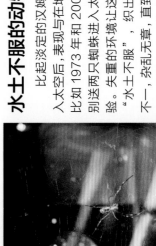

太空犬斯特里尔和贝尔卡搭乘苏联人造地球卫星在太空中度过了一天，伴随它们的还有1只小灰兔、42只老鼠和若干苍蝇，它们都安全地回到了地面，成为第一批返回的太空动物。斯特里尔卡回到地球后产下了幼犬，苏联把其中一只幼犬送给了美国总统肯尼迪的女儿卡罗琳。

水土不服的动物航天员

比起淡定的汉姆，有些动物进入太空后，表现与在地球上不一样，比如1973年和2008年，美国分别送两只蜘蛛进入太空织网实验，失重的环境让这两只蜘蛛有些"水土不服"，织出的蜘蛛网厚薄不一、杂乱无章，直到一个星期后，它们才织出又与在地球上一样对称又漂亮的新蜘蛛网。

1957　1960　1961　1973

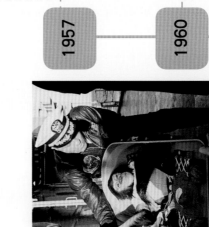

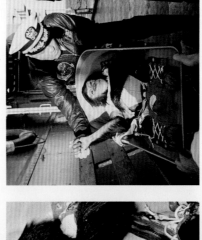

最镇定的动物航天员

1961年，美国通过"水星号"飞船，第一次把黑猩猩送入了太空。科学家先在地球上训练了这只名叫汉姆的黑猩猩，让它学会在看到闪光信号时，拉动动了手柄。进入太空后，汉姆在失重的特殊情形下，镇定而自如地拉动了手柄，而且反应速度也没有变慢。它出色的表现，为同年美国航天员谢泼德首次进行亚轨道飞行奠定了基础。

蚕宝宝实验舱

丝绸之路通向太空

"蚕宝宝"在太空里会变成什么样？吐的丝是不是也会有变化？由中国学生设计的"太空蚕宝宝"实验项目被美国国家航空航天局选中。遗憾的是，2003年，"哥伦比亚号"航天飞机进入太空，"蚕宝宝"搭载"哥伦比亚号"返回时爆炸，实验装置被毁。2005年，又一批"蚕宝宝"搭乘中国第22颗返回式科学与技术试验卫星进入太空，经过18天的太空之旅，"哥伦比亚号"没有完成的使命，获得了蚕在太空产卵、吐丝等情况的宝贵数据。

蜥蜴"殉职"

2014年，俄罗斯成功发射一个动物实验航天器，并搭载了5只蜥蜴和一些植物、昆虫。科学家试图观察蜥蜴在太空中的交配行为，研究生物如何在微重力或太空环境下繁衍后代。但是返回2个月后卫星返回地球时，科学家发现5只蜥蜴全部"殉职"。据分析，它们很可能是在太空轨道中被冻死的。

1990   1994   2003   2007   2014

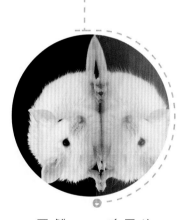

中国的动物航天员

1990年10月，2只小白鼠搭乘中国返回式遥感卫星进入太空。卫星在太空遨游8天后返回地面，发现老鼠已经死亡。根据遥测数据分析，小白鼠在太空存活了5天，由于生物舱出现故障，小白鼠窒息而死。飞行过程中，科学家们监测了它们的心率、血压、呼吸和体温，获得了许多宝贵的科学资料。

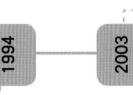

青鳉鱼太空产卵

4条形体娇小的青鳉鱼是第一批成功在太空交配的脊椎动物。1994年7月，这些小家伙搭乘"哥伦比亚号"航天飞机进入太空，最后成功孕育出几十个健康的小宝宝。研究人员希望他们未来在外星球建设养鱼场，能够帮助人类未来在外星球建设养鱼场。

最顽强的动物航天员

水熊是一种体长只有1~2毫米的微型缓步动物，它们极为抗寒、抗热、抗辐射，生命力特别顽强。2007年，欧洲航天局把水熊风干送入太空，在真空、强辐射的外太空环境中放置了10天。回到地球后，科学家为风干的水熊补充了水分，发现它们竟然有一部分苏醒了过来。水熊因此成为人类迄今发现的唯一一种可以在太空环境下存活的动物。

空间环境科学

太空是一个理想的实验室。在地球上难以复制的这个"微重力实验室"中，人类展开了各种空间微重力科学应用的探索，不断地改善着我们的生活，也为未来的太空移民打下了基础。

在"国际"空间站里的微重力实验台前，航天员正在进行材料合成实验。

航天员的头上贴了一个温度计，用于监测自己的身体状态。

空间生命

在太空中，生物体和生物组织会产生一定的变化。如人体会变得容易骨质疏松，苔藓类植物会开始呈螺旋形生长等。组成人体的重要组织——蛋白质也一样：太空中的蛋白质会比地球上更容易结晶，结成的晶体也更大、更纯净。这非常利于人类分析蛋白质晶体，研发新型药物，以治疗各种疑难杂症。科学家们还发现，沙门氏菌等细菌在太空中会变得更加致命，科学家由此对这些细菌的变异方式进行了深入研究，开发出了更好的疫苗。

空间材料

在太空的微重力环境中，对流、沉积、浮力等一些地球上的物理现象都消失了，一些新的物理现象却会出现。科学家巧妙地利用这些物理现象，进行了半导体、金属合金、光学玻璃等材料的合成实验，创造出了很多具有特殊性能的新材料。比如太空里的气体泡沫可以均匀分布在液体中，因此能制出一种"泡沫钢"。这种钢材又轻又结实，是制造飞机机翼的优质材料。

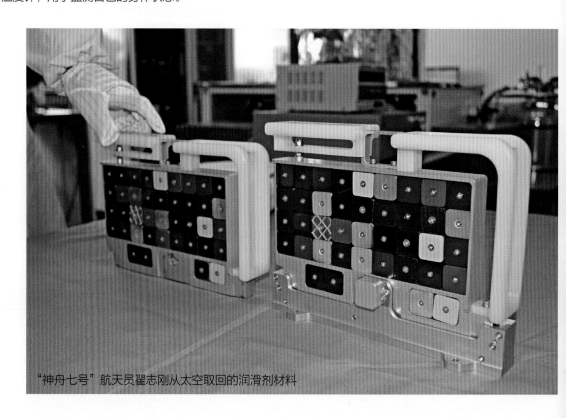

"神舟七号"航天员翟志刚从太空取回的润滑剂材料

空间医学实验

　　航天员在太空中的大部分时间都是在做实验，而且很多实验都是医学实验。"国际"空间站里美国和俄罗斯的实验舱应用项目中，医学实验就占了43%。空间医学实验主要是采集人体在太空环境下的生理数据，研究太空对人体骨骼、心血管、脑功能等方面的影响，帮助航天员克服太空生活的不利影响，也为目前的医学发展和未来的太空移民做贡献。如今医院里使用的核磁共振成像仪，其成像技术最早就是美国准备"阿波罗"登月计划时发明的。

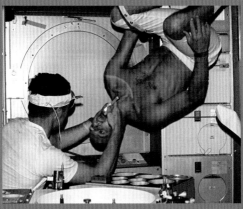

美国曾在"天空实验室"中进行牙科诊断实验

太空生活科技

　　在水资源匮乏的太空，水净化技术是一项重要的生活科技。这种技术最早是为了保证航天员的饮用水不含细菌而发明的。后来我们喝的纯净水、用的净水机都运用了这种技术。如今的水净化技术更为先进，航天员呼吸、排汗、排尿产生的水分都会被收集起来，通过这种技术变回干净的水。净化后的水可以用于灌溉植物，甚至可以饮用。地球上一些水资源严重匮乏的国家，现在已开始使用这种技术。

水净化技术的应用，使得"国际"空间站一年能少从地球运18吨水到太空，可以节省4亿美元的运输费。

"国际"空间站的水净化设备

地球环境监测

　　许多航天器上都携带了观测设备，对地球的大气、水质、矿产资源等进行观测。如"天宫一号"就携带了一台超高光谱成像仪，通过它能探测地球上的矿产资源、海洋资源，还能及时检测地球上的大气污染和水污染情况。

太空中所观测到的中国华中地区发生的雾霾

太空移民

　　人类终将把自己的生存空间扩大到其他星球上，所以在未来的某一天，我们可能需要移民到月球、火星或更远的星球上。无论是在途中还是在目的地，人类都需要创造一种类似于地球的环境让自己生存下去，要有呼吸的空气、合适的温湿度、足够的食物和水，还要有办法来挡住强烈的宇宙辐射，有医生来治疗疾病，当然也需要有能够长时间在太空飞行的大型航天运输工具。

太空里的衣服

　　无论是在飞船还是在外星居住点里，都会有空调系统来保证合适的温度，所以在舱内人们不需要穿太厚的衣服。但太空移民的衣服必须具有功能性，必须舒适、安全，有一定的辐射防护能力，不需要经常清洗且容易清洗。也许衣服上会集成一些健康监测、通信之类的穿戴式设备，可能还要有相应的电力供应。当然，出舱活动的人就需要穿上厚重、能保温、抗辐射的舱外航天服了。

火星移民想象图

92

外星住宅

人们到外星球之后住在哪里呢？当然可以用地球上带去的材料来盖房子。但是宇宙飞船的运输能力有限，不能建造很多的房屋。所以有科学家提出，应该学习延安人，在合适的地形上挖出窑洞来给人们居住。只要密封合适，这些窑洞能起到保温、防宇宙射线和抵御微小天体撞击的作用，不但节省建筑材料，挖出来的土石还可以用于科学研究乃至矿产冶炼。

外星农场

人类如果要长期居住在外星，肯定不能总依靠地球送来食物。但外星球上能种庄稼吗？水是生命之源，有了水，就有种庄稼的希望。如果有足够的水，就可以用密封的温室大棚来建立农场。外星球上虽然没有生命，但各种矿物质相当丰富，经过长期培育和经营，还是有希望种出粮食和蔬菜的，可能味道还不错呢。

月球移民想象图

水和氧气的生产

无论在移民飞船里还是在外星居住地，都不可能携带无穷无尽的水和氧气。人们一方面要把呼出来的二氧化碳再次变成氧气，把废水变成洁净水，另一方面要利用外星球的各种资源设法制氧、制水，即"当地资源利用"。潜水艇和"国际"空间站上已经有了氧气循环和水循环的技术，可以直接借用，而"当地资源利用"技术还在探讨中。当然，这一切的前提是有足够的发电能力。

"火星500"的故事

"火星500"是由俄罗斯组织的国际大型实验项目，模拟从飞船发射、飞向火星、登陆火星到返回地球的全过程，探索人类在往返火星过程中所能够耐受的心理情况，了解长期密闭环境下乘组人员的健康状态及工作能力状况。全程实验时间为520天。实验期间，参加者进入模拟实验舱，彻底与外界隔绝。王跃作为中国志愿者与来自俄罗斯、意大利和法国的5名志愿者共同参加了实验。2011年11月4日，实验取得成功。

人造重力

要前往遥远的星球，就需要进行长期的太空飞行，可能要飞几个月甚至几年。如果总是在太空里飘着，会严重影响工作和生活的效率，也不利于航天员的健康。所以科学家们认为，应当在航天器里创造出重力来。当今一般采用的设计，是把航天器做成环形或筒形，让它自转起来，处在环形或筒形内表面上的人和物品在离心作用下，就能脚踏实地。但这种设计太复杂，所以还没有被运用到实际太空飞行中。

奇思怪问

为什么舱外航天服大多数是白色的？

宇宙中有大量宇宙射线和自由粒子，它们能轻易损坏人体的细胞，让人患上癌症，甚至还会使电子设备失灵。在所有颜色中，白色的反辐射性能最好，堪称是舱外航天服的理想颜色。此外，深颜色会吸收大量阳光，并将光能转变为热能。白色却能通过反射阳光，让航天员保持凉爽，避免航天服内温度过高而影响航天员的健康。因此，大多数舱外航天服都是白色的。

太空旅行

太空旅行是不以执行科研任务为目的，普通民众搭乘太空飞船参与飞行、到地外天体旅行的商业活动。到地球之外的月球、火星上去旅行是人类的梦想，一直以来太空旅行的概念只存在于科幻小说、电影中。1961 年，苏联航天员加加林乘坐"东方 1 号"宇宙飞船在远地点 300 千米的轨道上绕地球飞行。8 年后，美国首次实施"阿波罗 11 号"载人登月任务，相继实施了 6 次载人登月，共有 12 名航天员登陆月球。时至今日，人类只有这 12 名航天员登陆过地外天体——月球。进入 21 世纪以来，航天技术不断发展，月球和行星际旅行将成为现实。

准备出发

根据距离的远近，太空旅行可分为环地球旅行、行星际旅行和恒星际旅行。环地球空间旅行指局限在以地球为主要引力场的空间内，如到"国际"空间站旅行；行星际旅行指局限在太阳系内旅行，目标天体是火星、月球等太阳系的行星和卫星；恒星际旅行则需飞出太阳系，在不同的恒星系统之间旅行。离太阳最近的恒星是半人马座比邻星，距离为 4.22 光年。其他恒星和星系则更远了。以人类目前的航天技术发展水平，环地球空间旅行可以实现，如果借助引力加速等技术手段，行星际旅行也将成为可能，但由于恒星际旅行距离太远，目前只能"望洋兴叹"。

第二代"龙"载人飞船由美国太空探索公司设计，将用于美国载人航天任务，也将被用于商业太空旅行。

月球旅行

　　月球是距离地球最近的天体，也将是太空旅行的第一站。月球以椭圆形轨道绕地球公转，地月平均距离 384400 千米。中国"嫦娥二号"从发射到进入环绕月球轨道运行历时约 4.5 天，行程约 39 万千米。早在 1865 年，法国作家凡尔纳在小说《从地球到月球》中，就幻想过乘坐空心炮弹到月球旅行。如今，月球旅行将成为现实。美国金钉子公司 2012 年宣布月球旅行计划，预计首批月球旅客将于未来 10 年启航，每位旅客需支付 15 亿美元。如果实现月球旅行，"嫦娥三号"的着陆区将是一个不可错过的景点。

火星旅行

　　火星和地球都围绕太阳公转，两个行星间的距离时刻发生着变化。在理论上，当火星运行到近日点时，如果地球恰好在远日点，地球与火星之间的距离最近，只有 5460 万千米，这在宇宙历史中从未发生过。火星与地球距离最近的一次是在 2003 年，相距 5600 万千米。当两颗行星都位于距离太阳最远点且位于太阳的两边时，两者之间距离最远，约 4.01 亿千米。从地球发射火星探测器，一般需 6～8 个月进入火星轨道并与火星交会，如果在火星上停留 30 天，那么从地球至火星往返一次需要 550 天左右。因此，前往火星将是一次漫长的旅行，必须做好充分的准备。

太空旅行中的冬眠靠谱吗？

　　有人曾设想，让航天员在太空旅行期间"冬眠"，以降低人体新陈代谢的速度，减缓衰老。这样经过漫长的太空旅行后，航天员还能保持年轻的体魄。已有实验证明，如果细胞被冷冻起来，可以达到比人类自身更长的存活期。在地球上，有一些患了绝症又很富有的人把自己冷冻起来，希望未来医学发达后再将自己解冻，把病治好。但目前被冷冻的人当中，还没有任何人能成功醒来，所以能不能将冬眠用在太空旅行中尚无定论。

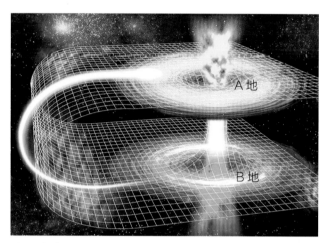

如果宇宙是一张二维的纸，虫洞就是连接纸片的一面与另一面的"近道"，从 A 地到 B 地大可不必绕道了。

　　霍金在微博中表示：在一代人的时间内，"突破摄星"计划旨在研发出一台"纳米飞行器"，并通过光束把它推动到五分之一的光速。如果我们成功的话，这个飞行器将会在发射后 20 年左右到达半人马座 α 星。爱因斯坦曾经幻想在宇宙中乘着一道光线飞驰，这为他的狭义相对论奠定了基础。一个多世纪后，我们有机会达到光速的一小部分：1 亿英里 / 小时。只有通过这么快的速度，我们才有希望在人类的时间尺度内到达其他恒星。

恒星际旅行

　　比邻星距离太阳约 40 万亿千米，如果以"新视野号"探测器的速度（5.8 万千米 / 小时）进行恒星际旅行，我们到最近的比邻星需约 7800 年，而到天狼星则需约 15 万年。恒星际旅行的主要技术瓶颈是人类的航天器速度太慢且寿命太短，航天器的速度必须达到接近光速，恒星际旅行才有实际意义。物理学家弗莱姆曾提出虫洞概念，爱因斯坦等著名科学家在研究引力场方程时也做过这样的假设。他们认为，穿过虫洞可能进行瞬间空间转移或时间旅行，这为许多科幻作品提供了灵感。但人类还没有发现过真正的虫洞，更不知道如何利用和控制它。